改造前，大明湖景区总面积仅有74hm²，其景观与景区极不协调，与城市中心景观带的地位极不相称。而环城河存在步行游览系统形式单一、河道景观缺乏与城市间的渗透、河道水位高差大、局部景观有死角、水质污染严重等问题。

　　济南市大明湖综合整治及环城河通航工程的实施，通过新建、改造沿线桥梁、建设船闸、节制闸、防洪闸及绿化改造等，实现环城河与大明湖水上游览系统的贯通。通过改造和美化河岸，提升环城河两岸景观品质；采取截污、建设节制闸、清淤等措施，解决水位高差，将趵突泉、黑虎泉、五龙潭、大明湖等景点有机贯通，实现众泉汇流大明湖，基本解决大明湖与环城河水循环系统以及多年来城市河道和大明湖水质污染、城市行洪等问题。通过改建原南北历山街为景区观光路——"鹊华路"，将小东湖与大明湖有机联系起来，实现了大明湖由"园中湖"变为"城中湖"。通过新建七桥风月、秋柳含烟、明昌晨钟、稼轩悠韵、竹港清风、超然致远、曾堤萦水、鸟啼绿阴八大景区，使大明湖新景与老景有机融合，呈现出一环、二带、三居、四祠、五园、六楼、九岛、十六亭、二十九桥、明湖十六新景观。展现在世人面前的是一个既古老又崭新，既娴雅又壮阔，既富于传统文化又体现人文生态理念的旅游休闲胜地。该工程既提升了人居环境，改善了城市生态，又增添了一道靓丽的水上游览线。"船游泉城、画舫凌波"成为了城市的新亮点，更加彰显了"不出城郭而获山水之怡，身居闹市而有林泉之致"的泉城特色。

大明湖——健身广场鸟瞰

秋柳园驳岸水景

隔岸观景

大明湖山石水系

贤清榭水域，自然石堆砌的驳岸

水中的仿古建筑贤清榭

为解决水位高差和河道行洪问题，新建船闸一座、节制闸两座、防洪闸一座，解决了一期通航水位26.5m与大明湖水位23.92m之间2.58m的行船高差。

为实现与环城河的通航，大明湖新扩建区域修建了风格各异的29座景观桥，桥桥有特色，用桥来划分空间，用桥名来点题，用桥的故事来诉说文化和历史。主要航道都修建了可以行船的拱桥，各式各样的桥梁连通整个新建区域。其中，恢复历史上的"七桥风月"景区，七桥环湖，风格各异，使市民游客体会到了"小桥流水人家"的别样景致。

为提升环城河与大明湖通航后的两岸景观效果，改善水质，将西护城河东侧河岸进行了下沉改造，把大明湖区域水系砌垒成自然石驳岸，使园林景观与城市景观融为一体。在护城河区域增加3处跌水景观，两岸增加绿地面积，增植乔灌木数量，近水地段增加耐水湿植物，营造绿色生态环境。大明湖水域沿岸栽植水生植物，加强水体的美感，净化富营养化水，提高水体的自净能力。

假山石

驳岸水景

贤清池水域的假山石驳岸及周边的植物培植

环城河夜景

船闸夜景

空翠亭园路

同时，对大明湖及环城河实施湖内、河道清淤及管线改造工程，共清淤25万m³，迁移改造有碍观瞻、影响通航的管线约上万米，使河水碧绿、清澈见底，沿河景致大为改观。

工程由济南市环城河通航园林景观建设工程和济南市大明湖综合整治工程两部分组成，由我公司承接的标段特点是：

在植物品种的选择和配置上，坚持生物多样性的理念，丰富植物的品种；以乡土植物品种为主，外来树种为辅。建设初期对现有大树进行积极保护，使建成区仍保留过去的植物，这也是对过去历史和文化的延续；充分考虑乔灌木生理生态的合理搭配，为植物的生长提供有益空间；积极引进新优植物，注重运用色叶植物，丰富园林景观植物。

因地制宜，随坡就势，根据水文、地理条件选择植物品种，不刻意追求数量，注重植物的成活率。在注重绿化效果的同时，也要注重栽植体现城市特色的骨干树种。

景区建设重视城市原有的历史文化的挖掘和传承，使人文景观与自然景观有机结合，相得益彰，增加城市文化底蕴。

在建设施工过程中注重历史遗址和遗迹的保护，注重对老建筑、老院落的保护和修复，做到修旧如旧，注重对老街巷的保护，利用好旧石材、旧石墩、旧石狮、旧门档等承载历史和文化的物质，用"老"字来讲述大明湖的故事。在亲水平台的设计中也积极保留和使用旧的长条石，减少亲水木平台的设计和使用。

五龙喷水池

林中汀步

广场雕塑——童趣

船站码头

　　建设中把节能、生态和资源的可持续利用作为一项重要举措。在节能环保方面，充分利用河流水位高差造景，在下游建设了三处跌水，既用水能代替其他能源，又提高了周边的景观效果；利用水生植物与两岸乔灌木的合理搭配，提高了水体的自净能力，尽可能减少人工清理河面的压力；利用节能环保、LED新型绿色灯具和太阳能灯具，使环城河、大明湖及景区周边夜景有机融合，凸显了环城河和大明湖瑰丽、灵动、秀美的独特夜晚景观风格。

　　济南市大明湖综合整治及环城河通航工程，是济南市做大做强泉水文章、打造泉城特色、改善人居环境的重要举措，体现了构建美丽和谐家园，实现泉水先观后用的理念。该工程的实施，使城市众泉群紧密联系起来，完善了城市的滨水步行空间，建立起城市中心巨大的公共开放空间系统，形成了泉城特色风貌带核心景区，彰显了泉城特色，真正实现了还湖于民的心愿。同时，通过实施景区及周边环境改造，改善生态环境，打造宜居环境，提高人居质量，再现了"四面荷花三面柳，一城山色半城湖"的胜景，自然景观与人文景观相得益彰，对恢复"家家泉水、户户垂杨"的老城韵味、体现济南深厚的历史文化积淀起到巨大作用。

本项目获得2010年度中国风景园林学会"优秀园林绿化工程奖"大金奖。

单位名称：济南园林开发建设集团有限公司

通信地址：济南市市中区马鞍山路 34 号

邮　　编：250002

电　　话：0531－82059308

传　　真：0531－82909956

济南大明湖东扩及环城河整治通航园林绿化工程（二）

赵国怀   刘博

济南市大明湖东扩及环城河整治通航园林绿化工程是济南市重点工程。作为第十一届全运会重点配套项目，改造好大明湖及环城河周边环境对于改善城市形象、丰富泉城特色标志区风貌带景观、体现济南深厚的历史文化沉淀、展示原汁原味的老济南风貌，具有十分重要的意义。工程规划原则是在原有基础上保持泉城的文化特色，修建或恢复重建一些景观，将综合整治与现代城市功能相结合，继承传统，创新发展。

工程项目分为济南市大明湖综合整治工程及环城河通航工程园林景观建设工程两部分。

一、空间分隔及地形处理因地制宜、融于自然

本工程空间分隔及地形处理在充分领会总体规划的基础上，一方面利用水面及湖岸线的特点，由人工挖湖底淤泥堆积鸥鹭湾、荷露岛等岛屿；另一方面利用原有地形、地貌，因地制宜，努力创造一种简洁统一而又富有层次及情趣变化的空间，充分体现自然意境。 另外，本着"以人为本"的理念，在分隔空间时充分考虑了游人的需求，既设有集体活动的广场区、健身区、儿童游乐区，又设置了安静休闲的休息区、老人活动区等。

空翠亭园路

超然楼一角

庭院水景

河道景观

护城河挡墙处理

济南百合园林集团有限公司

二、自然驳岸

　　新建湖岸全部采用自然石驳岸形式，并大量种植水生植物及连翘、蔷薇等悬垂植物。一方面丰富了物种，另一方面净化水质、美化环境，呈现湖岸的原生态景观。在施工过程中，自然石就地取材，采用济南本地的北太湖石，既突出了地区特色，又充分体现了建设节约型园林的理念。

　　为了护城河丰富河岸两侧的景观效果，沿河挡墙立面刻有"济南八景"等浮雕小品，假山石处引泉水形成瀑布，常年流动。另外，在工程施工过程中，注重施工细节。两岸挡墙雨水出水口均采用镶嵌环形石材加刻有济南特色的荷花、游鱼等图案盖板的方式，既使整个工程景观达到和谐统一，又很好的履行了城市雨水天然收集及净化区域的作用。

13

石板路

荷塘鸭趣

三、合理配置园林植物

为了突出济南特色，在植物配置上，沿湖岸以种植垂柳为主，配以荷花、芦苇、菖蒲等水生植物，使整个工程范围内垂柳依依、荷香浮动、芦蒲齐茂，充分体现"四面荷花三面柳、一城山色半城湖"的景致。另外，本着建设生态、节约型园林的精神，工程施工过程中最大限度地保护、利用原有银杏、垂柳、法国梧桐、白蜡等苗木，对与施工冲突的树种，在景区内就地移植。

工程在施工过程中栽植了大量大规格苗木，且部分为反季节栽植，因此保证苗木的成活率成为本工程的重点，而要保证成活率就要从苗源这一根本抓起。苗木在选择过程中，优先考虑附近苗源，并尽可能到苗圃考察，选择经过驯化且健壮的苗木。另外，降低苗木在运输、装卸过程中的损伤，保证苗木完好无损地送到施工现场。为了提高苗木成活率，苗木栽植前，使用生根粉对苗木的根部进行喷施，促进苗木迅速生根、返苗。栽植时，使用新产品"活绿素"、"抗蒸腾剂"、"保水剂"等。

幼安桥

生态岛西路

植物配置

老石板桥

石阶与景石

水西桥

园路铺装

野趣——"训妻"

大明湖夜景

大明湖局部鸟瞰

修缮后的司家院西二层楼

观景、亲水平台

四、注重历史遗址和遗迹的保护

在施工过程中，着力打造和挖掘历史文化资源，最大限度地保留了扩建区域内的老建筑，并加以改造利用。另外，恢复重建了一批具有代表性的道路及建筑物，如济南人非常熟悉的司家码头（当年乾隆南巡时曾由此出发乘船游览大明湖）及司家院西二层楼。并对有利用价值的青石板等建筑材料，在工程建设中用于部分景观桥及园路、广场铺装、挂贴。

通过项目部成员及各部门的通力合作，达到优良标准，并分别在2009年12月及2010年1月获得"新中国成立60周年60项山东省精品建设工程"及2009年度"济南市园林绿化优质工程奖"。

本项目获得2010年度中国风景园林学会"优秀园林绿化工程奖"大金奖。

单位名称：济南百合园林集团有限公司

通信地址：济南市马鞍山路52-1号

邮　　编：250002

电　　话：0531-88783916

传　　真：0531-88781816

杭州钱江新城 28# 地块东方润园小区园林绿化工程

周伟国　　汪　璐

人类现在所生存的社会环境是人们在利用自然、改造自然的过程中创造出的人工环境，而这一环境基本上来说是一个水泥森林的都市，困于其中的人们总是期待能够冲出束缚，栖于自然的所在。而要让我们的居住环境富有自然气息，让人们能够随时随地的亲近自然，"把大自然搬回家"这一主题便应运而生了。

浙江中亚园林景观发展有限公司从入行之日起，就本着"把大自然搬回家"的基本理念，以小做大，从精做强。下面以获奖项目——杭州东方润园为蓝本，从实践的角度加以诠释。

总平面图

人行主入口（西入口）点题水景雕塑

上海中亚园林建设有限公司
浙江中亚园林景观发展有限公司

浑然天成的水系

水系边的林相

隐型消防通道的处理

丰富多彩的水生植物

　　杭州钱江新城28#地块即东方润园小区位于杭州市钱江新城核心区沿江黄金地段，是唯一紧邻钱江新城核心区（CBD）的一线江景顶级大宅。项目占地8.1万m²，总建筑面积超过22万m²，容积率2.8，建筑密度13.91%，绿化率40%左右，是一个由超高层与高层建筑组成的健康型、低密度社区。园区共规划设计1幢41层的超高层，6幢24~31层的高层建筑及1幢3层会所。是浙江省第一个获得2007年度高层住宅类的中国十大豪宅之一。建筑立面采用自由、清静的浅蓝色系，在表现精致、优雅、现代的同时，也流露着他的另一种特性，如质感薄，重量感轻，其外观的颜色与天空的颜色相近到几乎像是"飘在空中的建筑"。面对这一现象，我们在景观方面倡导"城市大宅环境观"这一高尚理念的同时，依照最自然的树叶脉络营造园区的景观体系，充分把握建筑与自然的关系，建筑与树木的关系，建筑与人的关系以及建筑与地面的关系。通过大环境、中环境、小环境、微环境四大层面的景观空间营造手法，精辟独到进行了诠释与表达。最终，景观设计风格定位为"现代江南园林"，打造形神兼备具有现代东方特质的自然园林。

水系边的林相

植物配置注重空间调色

真假难辨的塑石瀑布

饱满动态的微地型堆坡

在东方润园项目景观营造过程中，我们始终将"把大自然搬回家"的理念注入其中。比如，我们利用急、缓、落、错的堆坡造型来使建筑与地面的关系达到密不可分的效果，使建筑与地面原有的接触地脚线得以放松，感觉让建筑稳稳地坐落于大地之上。又如，我们利用折、叠、曲、盛等水系的呈现手法，表达水的平静与活跃、蜿蜒与劲道，以艺术雕塑的要求从工艺、塑型、颜色、组景等各方面推敲石景制作，使真假石景有机结合，真假难辨，从而让建筑与大自然中这一占有重要比例的水资源更为和谐的共处，是真正的"择水而居，闻水而起，戏水而乐"的融融景象。再如，我们用植物这一园林基本元素让建筑与建筑之间仿佛存在着一道自然的屏风，通过植物组景方法，使得各节点景观更具引导性，使路口交叉更显从容自然，使宅间距更为深远辽阔，使季相更为丰富多彩。在园区内，游览中间不觉其抑郁，但远观其景却是浓郁茂盛，巧妙非常，自然至极。

"把大自然搬回家"的景观理念正是我们从实践探索过程中脱颖而出的一个理念，在营造的居住环境中，山水、建筑、植物等景观要素相互渗透，尽可能地让大自然拥抱人居，使人居融入大自然，这也是老子的"天人合一"观在中国园林中的充分体现。

儿童活动场地的人性化设施

植物色彩的视觉冲击

中心景观区迷你高尔夫球场

疏林草地

上海中亚园林建设有限公司
浙江中亚园林景观发展有限公司

运用植物作参照减缓建筑高度

林阴下的步道

架空层外围空间是第二客厅的延伸

错落有致的植物布局与古朴的铺装相映成趣

运用植物来达到空间转换的效果

本项目获得2010年度中国风景园林学会"优秀园林绿化工程奖"大金奖。

単位名称：上海中亚园林建设有限公司
　　　　　浙江中亚园林景观发展有限公司
通信地址：杭州市拱墅区莫干山路方家埭189号
邮　　编：310011
电　　话：0571-88237093
传　　真：0571-88237093

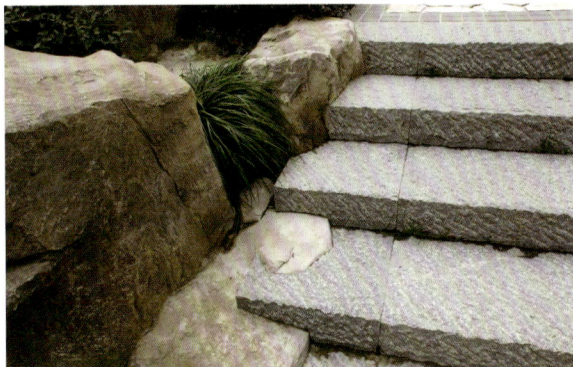
塑石、园路、植物的有机结合充分体现园林工艺

广州长隆酒店二期园林绿化工程

谭广文　林　波

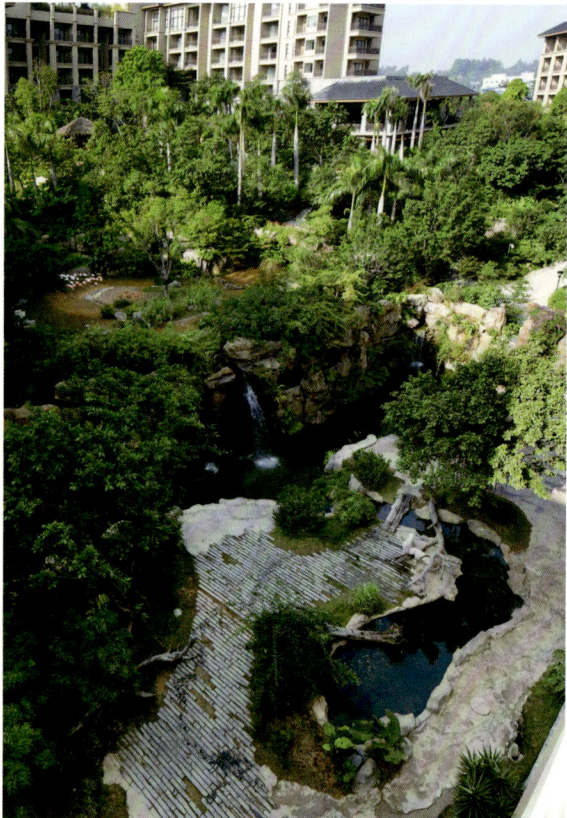
中庭鸟瞰

由广州普邦园林股份有限公司设计施工的广州长隆酒店二期绿化工程，庭园面积8.5万m²，绿化率约40.25%。它坐落于广州香江野生动物园旅游景区内，通过合理设计布局和精湛的施工技术，展现了一个"岭南丛林中的神秘城堡、动物王国里的游览胜地"，把旅游观光、动物观赏和酒店园林环境巧妙地融为一体，达到了人与动物、植物的和谐共处。

巧妙布局营造自然丛林景致

该项目南侧毗临酒店一期，西侧拥有大片茂密山体植被，前庭区域地势平坦，内庭区域高差起伏达17m，呈西高东低的山地地形。根据酒店建筑布置及围合空间特点将园林景观分为五大区域——主入口林阴大道区和广场区属于前庭区域，位于地库顶板之上，发挥集散与交通作用，设有树阵广场和主体雕塑、跌水台；中心庭院区以模仿热带雨林为主题，通过多种植物搭配和水体巧妙的设计，由高至低，将天鹅岛、火烈鸟岛、白虎园和锦鲤池连成整体的景观；次庭院区为一、二期酒店建筑的景观过渡空间，利用梯田消化高差，营造出田野的景观特色；公共景观区，通过休闲步道、眺望亭台等成为俯瞰水上乐园的最佳观赏区。

大堂前大象群雕

中庭天鹅湖鸟瞰

中庭天鹅湖

中庭白虎园

中庭锦鲤

25

中庭锦鲤池架空层

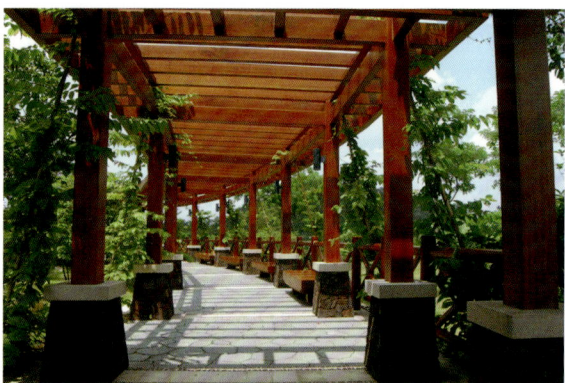

山顶公园长廊

中庭火烈鸟岛

该项目绿化以林中园景、水景相结合，并与周围次生林地相呼应，形成"林中有园，园中有林"的空间格局；通过地形改造与水体设置，营造多样的生态环境，共使用乔灌木、藤本、草本植物53科135种，进而实现植物群落的物种多样性和稳定性。

在满足游客观赏性、安全性的同时，也要考虑动物生活习性。例如：根据白虎垂直起跳最大高度不超过4.5m，斜向跳跃水平距离不超8m的活动特点，因此必须缩短白虎的助跑距离，才能保障游客在安全范围内，近距离观赏白虎生活常态；根据火烈鸟喜欢在水深0.5m以下的浅水滩活动的生活习性，通过缩小岛内面积，使火烈鸟助跑距离不足而无法起飞，而满足游客的近距离观赏。从而实现了把动物笼舍巧妙地隐藏在树丛山涧之中。

该项目在设计施工中传承了岭南园林轻巧通透、精工细腻的传统造园技法。如塑石景观共采用水泥砂浆砌砖批荡塑石、钢骨架铺钢丝网造型水泥砂浆批荡塑石、钢架覆盖真石翻模GRC构件块拼装成形等三种。在部分节点墙壁上以超大型卵石进行立面挂贴。利用火山石烘托亚热带森林氛围，以红色和蓝色吸水石铺贴挡土墙，将未经切割的黑色吸水石用于人行道铺贴，充分展现自然野趣的生境；而铺装材料多选吸水力强的石材，提高了铺装对天然雨水的涵养能力。

观虎隧道入口

山顶公园一角

次庭院特色跌水

中庭台阶

中庭挡土墙及台阶

次庭院特色跌水台阶夜景

总统套房天台花园草阶

主入口广场夜景鸟瞰

中庭天鹅湖夜景

鲤鱼池假山跌水

总统套房书房花园

溪水分段循环实现节约用水和减少污水排放。项目
中的河、湖、瀑布、溪流等水景元素是连接各个动物园区
的纽带。由于动物的毛发、进食和粪便等会对水质造成污
染，施工中在转角或隐蔽处将水系分段处理成多个独立的
动物区系水体，并进行净水处理，以免水体交叉污染，同
时亦实现了不同空间水景的连续性。

**本项目获得2010年度中国风景园林学会"优秀园林
绿化工程奖"大金奖。**

单位名称：广州普邦园林股份有限公司
通信地址：广州市五羊新城寺右南二街 16 号
　　　　　（广兴华花园内）
邮　编：500600
电　话：020-87376637
传　真：020-87361417

无锡环湖绿带及湖岸整治（东蠡湖西岸）工程一标段

本工程由三大块组成：宝界公园地块、山水广场及山水东路地块（补充合同）、花园大酒店——湖玺庄园沿湖地块（补充合同）。总绿地面积约18.21万m²。

项目部于2008年1月10日进场，根据建设方的具体要求，首先进行淡水中心B地块的地形深翻和平整。该地块原为鱼塘，主园路尚未建设，淤泥含量较高。我方根据设计标高以及路形路线，用挖掘机对压实的地块进行深翻改造和平整，并对土质送样检测，根据检测结果采取相应改良措施。B块地形基本整理完毕后，即进行该地块的大树种植，时值寒冬，我方采取多项御寒保暖措施，保证了骨架树的正常种植工作。

在淡水中心、山水广场周边地区施工中，由于作业面小，没有运输条件，机械无法作业，施工难度较大。如水缸中水生植物先在岸上填土种植养护，待其萌芽后用吊车和人工挑抬结合的方法，逐盆沉入湖河道；湖边湿地的地形改造因为原堆放的弃土高低不平垃圾多淤泥多，机械施工时挖掘机多次陷入淤泥，我方和甲方监理想尽各种办法，用铁板、木板做平台进行移位和整形，水下部分和含水量高的淤泥地块用大量人工进行挖填方和整形；沿湖绿地因为施工车辆无法进入，所有苗木和材料都只能在停车场用小型货车和人力车逐棵逐车驳运，费时费工费力。

主入口

景石

园路

植物群落

小木亭

将湖玺庄园至花园大酒店沿湖岸线原堆放的废土，予以适当调整改造成湿地，造就独特的沿湖湿地景观带；同时对沿湖园路增植遮阴乔木和行道树，并对绿化道路和设施等进行多处调整优化。如内部园路两侧进一步增加行道树；公园大门外小广场边增加遮阴大树弥补空缺；停车场厕所前增加大树打破直线框架，丰富厕所立面；停车场廊下内侧栏杆改成座凳，方便游人休憩；映水渔村绿地边缘增加一条曲线形绿篱分隔空间，绿篱外侧增加花镜丰富层次；映水渔村和码头水边无栏杆处增加花钵，种植垂直绿化；映水渔村增加网球场，停车场草坪上增加贵宾通道，各道路拐角放大半径，部分道路拓宽，看台一侧增加残障通道，对原绿化进行移植和调整；看台和码头临水处增加栏杆；停车场增加树穴种植遮阴树；小岛和码头等水生植物丰富品种和色彩；配合路灯亮化调整进行树木移植等等。

石驳岸

北京市朝阳区通惠河景观建设工程

武桂连　　李振鹏

观景平台鸟瞰

小广场鸟瞰

河岸

北京市朝阳区通惠河景观建设工程又名庆丰公园。公园因庆丰闸（二闸）而得名，自1292年通航，通惠河一直是京城漕运的重要通道，而庆丰闸作为漕运码头，这里曾经是"漕舟千渡、帆樯林立、游客如织"的繁华景象，同时因河水清澈、风光旖旎成为百姓的郊游风景胜地，有"北方秦淮"之称。如今隔岸相望的是代表首都现代化国际大都市的CBD商务区，这里是体会今昔巨变、古今交汇的最佳场所。

2009年春，朝阳区政府结合城中村的拆迁改造，于同年7月1日景观工程进场施工，9月20日建成公园绿地，作为CBD的后花园和天然的绿谷氧吧。工程西起灵通观桥，东至庆丰桥，北至京通路，南到铁路线。宽度70m至250m之间，全长1700m，总设计面积约26.7hm²。公园被三环路分为东、西两园。全园总面积26.71万m²：陆地面积20.21万m²（其中绿化用地15.77万m²、园路及铺装广场3.64万m²）、河道6.49万m²。

工程栽植常绿乔木7461株、落叶乔木4256株、常绿灌木12195株、落叶灌木5932株、绿篱种植8.77万m²、花卉种植4116m²、草坪种植8.91万m²；土丘造型14.33万m²；安装灯具2726套；雕塑6组，包括大通帆涌、帆光樯影、京畿秦淮、童趣、雪芹足迹、通惠河图话；桥梁2座；水景2个，包括广场跌水、水溪。

公园定位为传承历史文脉、突出绿色生态、体现现代都市景观、满足大众休闲的滨水精品公园。是体现人与自然、传统与现代相互融合的城市开放空间，既真实地保留并延续了历史文化信息，又融入了周边的现代气息与现代生活，表达出了可持续发展的设计理念。

河岸船头式观景平台

船头细部

观景台摆花

局部鸟瞰

河岸

河岸保留古树

人造湖

贯穿公园的古河道是整体设计的灵魂，建成后的庆丰公园分为北部现代滨水景观区和南部绿色生态文化区。现代滨水景观区，将原来的高档墙拆除并后退，展宽滨水部分的停留休息空间，视线更加开阔，使人们可以在不同的高度上亲水、望水及远眺。同时以船和帆为设计符号，提炼后点缀在广场及小品之中，感受古时帆樯林立、商船云集的盛景，同时又可仰望对岸高楼林立的都市新景，是体验古、今交汇的最佳观赏空间。绿色生态文化区，营造地形山谷、水溪环绕的自然景致，是体现自然宁静气氛的封闭空间。沿溪一条石板古道，串联整个历史文化景点，如濯缨独醒、二闸诗廊等，是人们在休闲健身的同时，体验历史文化的自然山水空间。

东园设有京畿秦淮、大通帆涌、惠水春意、文槐忆故、新城绮望、庆丰古闸、跌水花溪、银枫幽谷八个景点；西园设有桃柳映岸、都市蜃楼、惠舟帆影、印象之舟四个景点。

建成后的庆丰公园无处不体现着人与自然的相互协调和传统与现代交相辉映的特点，是传承历史文脉，彰显现代都市景观，突出绿色生态，满足大众休闲的现代精品园林。

人造湖

雕塑

园路

船帆式造型路灯

本项目获得2010年度中国风景园林学会"优秀园林绿化工程奖"金奖。

单位名称：北京朝园弘园林绿化有限责任公司
通信地址：北京市朝阳区朝阳北路147号
邮　　编：100025
电　　话：010-85841343
传　　真：010-85841343

南京中山陵园明陵路片区景观绿化工程

吴 亮　杨志龙

总平面图

中山陵风景区中山门入口公园明陵路片区景观绿化工程，是南京"中山门主入口公园"一期工程景观绿化的重点项目。作为南京市环境综合整治与重点文化基础设施建设工程，明陵路项目是南京市政府于2006年重点打造的形象工程之一。该项目以其高密度、大规格、色彩丰富的绿化植物配置和依山就势的景点布局设计，成为南京市郊自然风景区内一道亮丽的风景线。

本工程位于南京市玄武区明陵路，东起中山陵苗圃，南接宁杭高速的出口，西临明古城墙，北毗邻月牙湖、梅花山及前湖；占地总面积近10万m²。工程总量中，地面硬质铺装约为8000m²，绿化约为7万m²。

本工程按区域可分A、B、C及中心房建区四个部分，包括：停车场、半圆广场、水系、木亭区、房建区等几个景点；各景点之间以各色园路、木桥、木栈桥、木栈道、汀步路等相互连接；景点内长达1公里的水系两侧种植了草坪7万m²。

一、工程重点和难点及技术处理

1. 土方施工

本工程原始地貌为凹形盆地状，中央溪流原为一道贯穿于整个施工区域的人工泄洪排水渠，渠边不同区域之间的坡度高差很大，最高相差13m。景观设计师针对现场天然地形地貌提出对水系两侧斜坡进行人工调整和大型水系改造的设计方向，但由于原有坡度落差较大，坡度较陡，需以土方施工改变原有坡形与坡度。

园内休息亭

景观石驳岸

亲水木栈道

在如此大范围的土方施工工程中，如何细腻准确地把握每处坡面应有的走向和高度，既创造出自然舒缓的坡形、起伏不一的高差美感，又需避免水系沿岸出现水土流失情况，成为本工程的一大施工难点。为此，我们调配大量工人，对所有斜坡采取高挖低不填的手法逐层削薄，并注意在不同位置控制不同的挖削厚度；同时，我们还在斜坡上施工数道隐形挡土墙以防土壤滑坡。最终，调整后的斜坡以大气舒展、线条流畅的实景效果为整个项目奠定了良好的景观基础。

2. 水系改造

本项目仅次于斜坡调整的另一个难点是水系改造工程。水系改造的实际施工量虽然很大，但施工难度其实并不高。然而，水系作为该项目景观中贯穿前后的中心主轴，不仅应在秋冬两季的干涸期内充分满足设计意图中的水景效果，还应确保每年夏季洪汛期内具备安全泄洪排水的使用功能。因此，合理施工水系河床的深度和水下坡度，调整水系依山就势的最佳走向，巧妙而自然地堆置水系内的天然景石，成为水系改造工程中需要我们反复推敲、精确测算的施工难点。

经过与建设方和设计师进行多次方案研讨后，最终我们采取在水系上游机械开挖一个面积约2000m²、深约50cm的人工水面，并在水面上选择2至3处土石结合的人工小岛，同时在上、中游设置6级人工跌水的施工方案，使水系既对汛期大流量的山洪水进行缓势减速，也在干涸期保存了一定量的水源以保证下游不致断流。该施工方案在工程落成并交付开园后，以实际使用效果证明了方案的合理性和科学性。

3. 斜坡绿化种植

水系两岸的斜坡以其近1.3万m²的占地面积成为本项目的主要绿化带。依图纸设计要求，需栽植大面积、多品种、多规格的花卉植物与常绿、落叶乔木。但由于施工作业面平均坡度呈45°，栽植绿化植物时，无法按照平地栽植的常规施工手法进行栽植。

为了避免斜坡土方流失，增加土壤保水能力，我们签证变更了斜坡原绿化设计方案，改用爬根类草坪固定斜坡土壤，以地被植物作为不同方向斜坡的分界带。对大型乔木采取凹形鱼鳞穴低位种植手法，并在树根旁埋设透气通水管。对个别坡度较大的乔木，我们在栽植位上还给予重点支撑加固，从而有效保证了斜坡绿化带的植物成活率和良好的景观效果。

4. 园建工程特点

明陵路项目设计风格定位于简化中式园林。基于设定的园林风格，本项目园建工程施工内容主要包含：花岗岩与木地板铺装、景亭、木桥、青砖挡墙、景墙、车行道、停车场、水景、园路等特色景点的施工。作为中式园林的核心元素，水景、景亭、木桥以及植物、景石的搭配与平面布局，对其周边景点起到弱化线性、相互和谐交融的重要作用。

施工过程中，注意定位和标高的准确，严格控制基层土方、基层和隐蔽工程的施工，严把质量关。面层施工中，注意铺装形式正确，线条流畅自然，放坡比例方向无误，严控空鼓率，注重成品保护。

武汉首义文化园景观工程

方新阶

首义文化园景观工程作为首义文化区的重要组成部分，是武汉市政府的重点建设工程，位于武昌区阅马场，北临黄鹤楼，西临湖北剧院，占地7.4万m²。其中绿化面积4.4万m²，广场铺装及道路面积2万m²。

一、工程特点

1. 本工程施工为园林综合型工程，包括园建、绿化、土方及相应配套项目如给排水、地源热泵施工及电力安装等。

2. 本项目拥有"武昌起义"的历史背景和文化内涵。

3. 此工程工期较紧，正处于逐步升温至炎夏，天气变化很大，还要经历梅雨季节，必须加强工期管理。

4. 本工程有面积较大的混凝土路面破除及回填土方、门市拆迁及原有树木的保护和文物的保护工作，须精心组织。

5. 本项目的种植要经历夏季反季节施工，必须精心组织，合理安排，以求达到工程质量标准。

辛亥革命武昌起义纪念馆

十八星旗广场

十八星旗广场花坛布置

济南青、映山红铺装及双层水钵小品

下沉式广场

黄兴拜将台广场

十八星旗广场铺装

二、工程技术难点和重点的分析和对策

1. 工程难点分析

（1）地源热泵施工在园林综合项目中新技术的应用。

（2）文物保护。

（3）本工程属综合性园林工程，工序较为复杂、交叉施工面多且大。

（4）本项目是武汉市重点大项目，其中安全、文明、环保等施工技术要求很高。

2. 工程的重点分析

（1）大树移栽。

（2）地源热泵施工。

（3）景观施工的艺术性和历史性。

（4）十八星花坛。

针对以上情况，公司高度重视，以公司法人为项目技术负责人亲自负责项目的施工和管理，同时组建一支经验丰富、技术过硬、作风硬朗的项目班子。选用有丰富大型项目施工经验的项目经理，有针对性的研究对策，密切与各地协调、解决好矛盾。严格按甲方意图，统一组织，严把关口，做好质量、协调等工作，按期保质保量的圆满完成任务。

十八星旗广场铺装

辛亥革命武昌起义纪念馆及广场、草坪

三、采用新技术、新工艺、新材料的情况

武汉首义园用花卉配置的18星旗花坛，以色彩体现国共两党在合作时期的水乳交融，其中"十八星花坛"以新品种草花为新材料，采用地源热泵新技术和水景喷泉新工艺，确保四季鲜花常开不谢，雨水回收循环利用。

本项目获得2010年度中国风景园林学会"优秀园林绿化工程奖"金奖。

彭、刘、杨雕像

单位名称：武汉市花木公司

通信地址：湖北省武汉市解放公园路40号

邮　　编：430010

电　　话：027-82428583

传　　真：027-82428583

林阴道植物配置

道路铺装

林阴休闲区

十八星旗水景花坛广场

天津水上公园提升改造项目景观绿化工程（一区）

张 杰 刘汉东

水上公园于1950年建成，是天津最大的综合性公园，也是天津十大景观之一。公园位于天津市南开区，因其有东、西、南三大湖与11个岛屿组成，所以取名水上公园。周汝昌曾有诗赞叹："六云双翠九瀛洲，落落亭台树影浮，千顷湖烟笼弱柳，何须艳说瘦扬州。"

水上公园提升改造项目景观绿化一区工程绿地面积7.54万m²，园路铺装面积1.54万m²，包含北门绿化，月季花节区，和一岛长廊三个景点的提升改造和建设施工。绿化施工以栽植白蜡、杨树、柳树和槐树等乡土树种为主，重点点缀一些名贵树种，如平顶松、对节白蜡、八棱海棠等。同时点缀多色多样的花灌木，如海棠、木槿、紫薇等，并配以各式花镜，实现四季常绿、三季有花的景观效果。

一岛绿化万寿菊盆景花坛

一岛长廊之重檐八角亭

一岛长廊

在后期养护工作中成立养护专组、制定详细的养护方案、由业务精干的专业技术人员进行技术指导，根据季节转换对绿化进行适宜的养护工作，保证苗木的旺盛生长，以求体现景观的整体效果。

景观施工包含景观长廊、花坛及园路等项目，并点缀特色景石以达到渲染气氛的效果。其中，一岛长廊在原长廊旧址进行重建，原红色长廊属于竹木结构，年久失修，且防火性能差。新建长廊为仿古建筑群，由4座八角重檐亭、2座八角亭、2座长廊、1座重檐长亭及游廊组成，工程主体结构形式为框架结构，建筑抗震裂度为7度；防火设计为二级，屋面防水等级为三级，屋面为灰色筒瓦，方钢楣子，并配以木座凳，仿古油漆彩画。为游人提供了一个观景、休息的好去处。

疏林草地

月季花广场——美人蕉色带

从万寿菊花坛看天塔

一岛长廊牵牛花盆景花坛

八宝景天

疏林草地

盆景花坛之牵牛花

造型植物华山松

疏密有致

本项目获得2010年度中国风景园林学会"优秀园林绿化工程奖"金奖。

单位名称：天津市绿化工程公司
通信地址：天津市河西区南京路8号
邮　　编：300042
电　　话：022-23308109
传　　真：022-23308109

万寿菊盆景花坛

牵牛盆景花坛近景

球类组合

天津水上公园提升改造项目景观绿化工程（二区）

张正美　　岳　岗

一、工程概况

水上公园是天津市一座具有50多年历史的综合性公园，是天津市的地标性建设之一。为了进一步明确其地标作用，以及为市民提供良好的休闲与生活环境，天津市委市政府将其作为天津2009年城市改造提升环境治理的重点项目之一，将其变成天津市最大的一座免费开放式公园。

水上公园改造工程分为多个区进行公开招标，其中二区工程由我单位中标施工。

植物配置

疏林草地

春色满园

二、工程施工特点

1. 原始地貌情况及改造方案

（1）原二区围墙一侧为铁艺栏杆，绿地以大型常绿乔木配以花灌木为主体，湖岸以垂柳为主要绿化植物。驳岸未作任何处理。

（2）原二区道路为柏油路面与绿化风格极不协调，围墙护栏上的五叶地锦几乎完全遮挡住园内的景观，毫无生机。在地形方面，未作任何处理，视觉效果较平。

（3）改造方案

① 绿化部分：以珍、奇、特的大型苗木为主景并配以优质的花灌木及彩叶树种。

② 园路部分：以花岗岩石材，透水砖，鹅卵石等为主要材料精心搭配。

③ 驳岸部分：以置石为主体缓步入水，点缀水生植物。

错落有致

分层布局

51

色彩艳丽

湖岸丽景

富于季相变化的植物群落

2. 新技术、新工艺、新材料的使用

（1）本项目采用了丰富的植物，特别是近几年天津引进的新优植物品种。

天津市花苗木工程有限公司依托刘园苗圃、北仓苗圃、程林苗圃三大苗圃，拥有土地面积6000余亩，因此有丰富的植物资源。在水上公园绿化中，共种植了包括金叶榆、金叶复叶槭、金叶槐、金枝槐、日本罗汉松、日本小叶黄杨、四照花、照手桃等十余种新优树种。这些新优树种有的是第一次在天津大面积栽植，景观效果非常好，获得了市民的广泛认可。

（2）造型植物的广泛应用与日式修剪技术应用。

无论是在东大墙还是盆景园，包括日本罗汉松、日本小叶黄杨、造型小叶女贞、造型油松、榕树盆景、红花檵木盆景等应用让市民享受了天津园林精致的内涵，让市民在游园同时享受观察植物、认识植物的机会。另

一方面这些造型植物的修剪都来源于日本技术，有来自于日本的专家现场指导造型植物的修剪，所以有了区别于其他园林的更加精致、精细的日本园林特色。

（3）反季节栽植技术的广泛应用。

水上公园施工时间大部分都是在不适合施工的夏季，这给苗木栽植造成很大的影响，并且还有大量的全冠大规格苗木的栽植任务。为确保苗木成活，我公司的技术人员采用提前断根而后移栽、栽植时应用生根粉、植物抗蒸腾剂、给苗木吊瓶输液等多项技术措施，确保了苗木成活率，反季节栽植苗木成活率均达到95%以上。

总之，在水上公园施工中，新材料、新技术的使用使水上公园的景观提升到新水平，得到了社会各界的广泛认可，成为天津人最喜欢的新景观之一。

水中亭阁

姹紫嫣红

驳岸

园路

岸边一角

本项目获得2010年度中国风景园林学会"优秀园林绿化工程奖"金奖。

单位名称：天津市花苗木工程有限公司

通信地址：天津市水上公园北路33号

邮　　编：300191

电　　话：022-23342616

传　　真：022-23342616

杭州湘湖启动区块二期景观工程三标段

历史上的湘湖"山抱水、水环山、山绕湖转、湖傍山走、山中藏湖、湖中有山、山水交融、湖山争辉"。湘湖保护与开发启动区块为"两山夹一湖"的形状，东以风情大道为界，西至跨湖桥遗址，面积4.64km²。湘湖启动区块二期景观工程是向钱塘江方向西进的工程，坚持历史文化、自然生态、休闲度假三个定位。其建园的特色主要体现在以下几方面：

一、功能布局合理，体现地方和环境特色

布局结构上，有罗家坞野外体验中心、陈家埠休闲度假中心、眉山岛科普休闲中心三个中心和湘湖景区、狮子山景区、老虎洞景区、湖山景区、石岩山景区五个景区，在充分挖掘人文历史内涵、改善生态环境基础上，全面提升湘湖的休闲品质。

二、突出自然景观，延续历史文脉

湘湖二期的建设突出了生态型原则。在绿化配置方面，以杭州市的市树香樟为基调树种，再配以湘湖当地的原生树种水杉，通过对乔木、灌木、草坪、地被与水生植物的合理配置；在公园内部形成多层次的生态植物面，外围还沿湖成片种植草地花卉与水生植物，并注重背景林建造，沿岸植物配置或开阔，或郁闭，形成了曲岸跌水、小桥通幽的江南水乡生态植被景观。

整个湘湖启动区块湖面面积近1800亩，由于水域面积较大，其水域本身就具有较好的调节气候的生态功能。由于在植物配置中强调生态性，使这里形成了良好的生态群落环境。

湘湖游船码头

保留的原生水杉

龙井双涌

三、种植施工

在湘湖二期的植物景观施工中，我们倡导营造和还原"湘湖原有地域性植被特征"的理念，强调湘湖植被的乡土地域性，以营造"自然、和谐且林相结构相对稳定的湘湖植被群落"为最终目的。其中：

1. 植物选择

（1）选择乡土植物及富有野趣的植物造景材料；

（2）注重常绿植物与落叶植物的配比，以反映温带常绿阔叶林的地带性特征；

（3）适当运用色叶植物和开花植物，以丰富植被景观；

（4）加强藤本类植物的应用，以强调湘湖植被景观的野趣和真实性；

（5）速生树种与慢生树种相结合，既要考虑植被景观的快速成型，又要保持植物的可持续性、可发展性。

竹桥与游船码头

2. 植物品种

常绿阔叶树以香樟、桂花为基调树种，配以乐昌含笑、女贞、香泡、石楠、木荷、深山含笑等。

落叶阔叶林：枫香、黄山栾树、青桐、马褂木、银杏、黄连木、无患子、柿树、朴树、玉兰。

针叶林：水杉、池杉、金钱松。

小乔木：樱花、海棠花、杨梅、鸡爪槭、金丝柳、樱桃、木芙蓉、紫薇、石榴等。

小灌木及地被：火棘、吉祥草、富贵草、杜鹃、八角金盘、洒金珊瑚、粉花绣线菊、六月雪、伞房决明、棣棠、阔叶十大功劳、红花酢浆草、麦冬、葱兰、八仙花、兰花三七等。

水生植物：野茭白、黄菖蒲、芦苇、千屈菜、鸢尾、水葱、水芹等。

藤本类：速铺扶芳藤、中华常春藤、花叶蔓长春花、小叶扶芳藤、紫藤等。

竹类：孝顺竹、凤尾竹、箬竹。

篱笆院外

梅园

水中藏娇

莲莲水情

怀旧回忆

古风漏窗

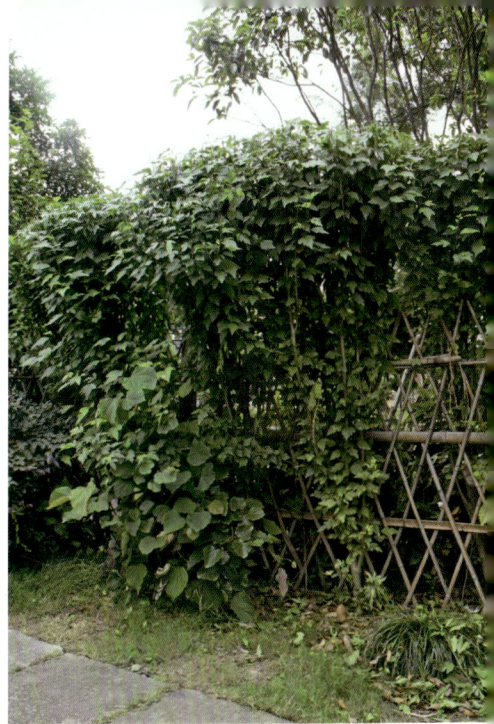

篱笆院墙

四、项目亮点

1. 本项目的特点

（1）项目背靠柴岭山，面对湘湖。地形塑造以整为主，结合现状高程造景需要，创造出缓坡草坪，舒缓地形及小山体等地形特征。

（2）植物配置很有特色，乔灌花草结合，群落布局，季相变化，疏林草地，独具匠心。经过两年多的管护，植物长势良好，硬质工程施工精细，未发现施工质量问题，驳岸、石桥，大块石挡土墙、点石、园路等处理手法自然，是整个湘湖景区的点睛之笔。

2. 在充分挖掘人文历史内涵，改善生态环境基础上，全面提升湘湖的休闲品质

二期区块以道路基础设施为先行，开工建设有：越王路延伸段、湖山路、杨堤"二路一堤"、老虎洞游客服务中心建设工程和眉山岛区块景观工程等项目。

本项目获得2010年度中国风景园林学会"优秀园林绿化工程奖"金奖。

高耸的院墙

单位名称：杭州蓝天园林建设集团有限公司

通信地址：浙江省杭州市文三路535号

莱茵达大厦8-11楼

邮　　编：310012

电　　话：O571-88812759

传　　真：O571-88812752

垂直绿化

六角亭

望湖台

茅草亭

枫华园入口广场

石阶梯

木栈道

水岸

凌波桥

指示牌

下沉广场

坡地植物配置

文化柱

公园一角

自然驳岸

郁郁葱葱

环环相扣

球状植物搭配

花海

二、新技术和工艺

1. 苗木的选种及种植技术

大朗荔香湿地公园的主体树种是悬铃木、香樟等，我们选择的是生长旺盛、形态好、主干直、无病虫害、无机械损伤的优良苗源，并做好标记。苗木形状、规格、尺寸、土球大小均严格按不小于甲方要求执行，起苗、包装、运输、卸苗严格把好质量关，确保其外观优美，生长健旺。种植过程中，通过对苗木叶面的喷水、喷施保湿药剂，对根部土球的保护、促生根药剂的施用、定根水浇灌、对苗木过多的枝叶、

嫩梢的及时整形修剪，来综合提高苗木的成活率。及时牢固支撑，保持树木直立向上、合理修剪多余的枝叶、淋足定根水，保持苗木的生长稳定。

2. 台风季节施工技术措施

本项目地处沿海，经常遭受台风袭击，所以在整个工程施工期间，我们做好了防台风措施。设专人收听天气预报，做好记录，并与市气象台保持联系，如有台风及暴雨天气预告，则及早落实防洪防台风措施，做好预防工作，加固扶树桩，对特高树木还须用绳子牵固，肥料等材料要覆盖遮雨布，将施工设备从低处移至水淹不到的高处，疏通水道，增加排水设施；成立台风期间抢险救灾小组，密切注意现场动态，遇有紧急情况，立刻投入现场进行抢救，使损失降到最低；科学、合理安排风雨期施工，当风力大于6级时，应停止室外的施工作业。提前安排好各分部分项工程的风雨期施工；台风暴雨过后及时扶正倒伏树木，重新培土加固，修剪断枝并及时处理伤口，对低洼积水地方进一步开挖排水沟排水，清扫枯枝落叶污水秽尘，以尽快恢复正常施工。

本项目获得2010年度中国风景园林学会"优秀园林绿化工程奖"金奖。

林阴大道

单位名称：岭南园林股份有限公司

通信地址：广东省东莞市东城区光明大道 27 号

邮　　编：523125

电　　话：0769-22000888

传　　真：0769-22388949

上海世博公园 B 区

曹世伟　　辛立勋

　　世博公园定位为"中心城区的绿地、滨水的绿地、世博的绿地"它是城市永久性的景观绿地，除去永久的给城市提供优质的自然生态环境及人文景观，为城区市民创造出良好的游憩休闲场所、艺术展示空间，更是为城市提供真正有效的"氧气库"。如何建造好这个"氧气库"，设计提出了"扇骨"与"滩"的设计理念。

　　乔木层形成的上层"扇骨"体系，与下层"滩"体系包括道路、灌木、设施、场地，是一种起伏与动态的关联，实现了有逻辑的设计与随意自由景致的完美结合。整个扇面缓缓从江面升起并展开，如同中国传统折扇优雅地在轻舞的微风中打开，呈现出完美的立体效果。

规则式内河景观

扇骨景观

绿意盎然

世博公园远眺

争奇斗艳花卉景观

浪漫花海

世博公园绿化总面积为11.7万 m²。约70多个品种、5000多株大型乔木的种植都是方阵式的布局，而且这些乔木的胸径、冠幅、分杈点、蓬径、形态姿势几乎是同一规格，呈放射状种植构成折扇的"骨架"。其中卢浦大桥以西为自然式种植方式，大桥以东 考虑到游人流量因素，以人工规则式种植 的图形、渐变的色彩、群落 镶嵌的形式存在于其中。

此外，在公园中运用了七 雾降温技术、资源型生态透水路面 技术、可上人的耐践踏草坪、生态绿 绿化、以及生态水处理技术，用来展示 处理的重视及能力。

在施工过程中与业主、设计、监理之间充 对设计作品进行现场再演绎，充分利用我们的专业 进行深化设计，对园林技术进行创新，为世博打造优 环境景观，向世博展示园林科技力量。世博为我公司提供了对外展示的舞台，我公司也不辱使命发挥了品牌优势，为游客打造了一个精品工程。

林地景观

多彩的服务咨询点

自然式内河景观

在此项目中我公司充分运用了多项新工艺、新技术：

1. 世博公园"芯"、"表"土分层填筑法地形营造工艺；

2. "地形线测控地形营造工艺"的开发与施工应用；

3. 世博公园园路广场生态透水地坪施工工艺技术；

4. 采用先进的中央计算机控制系统，此套系统是高度自动化、智能化灌溉系统；

5. 世博公园夜间亮化灯具均采用国际、国内最新的照明科技产品，其灯光亮度效果好、充分体现绿色、节能、环保这一理念；

6. 上海地区唯一获得我国绿化"新品种权"保护的树种——东方杉；

7. 景观水系挺水植物植床构造与建植技术优化工艺；

8. 为了确保汛期的大树安全，率先采用了高新技术——防风临固拉索系统。

该公园为上海乃至中国创造出一个"自然而不失精致、时尚而不失传统、节俭而不失文化、舒适而不失生态"的划时代的世博公园。

廊架

湿地野趣

管理房东侧景观

俗话说，"三分种，七分养"。要使树木生长茂盛，保持园林景观环境优美，就必须加强植物养护工作。为此，公司成立了专业的养护队伍。应用的主要技术措施有：① 加强水分保持科学管理，提高新种苗木成活率；② 贯彻"预防为主、综合防治"的园林病虫害防治原则，确保本项目未发生严重的病虫害；③ 按照互相搭配及与地形相结合的特点进行树木修剪，保证了自然丰满、线条流畅的植物景观；④ 勤松土、勤切边使园林景观更整洁、更清爽，同时有利于苗木的生长。

半山田园地块虎山公园景观工程的建成，给杭州市民带来了又一个赏景休闲避暑的好去处，赢得了社会各界的高度评价。

本项目获得2010年度中国风景园林学会"优秀园林绿化工程奖"金奖。

单位名称：杭州市园林绿化工程有限公司

通信地址：浙江省杭州市凯旋路 226 号

省林业厅 8 楼 821 室

邮　　编：310020

电　　话：0571-86095666

传　　真：0571-86097350

威海市幸福公园绿化工程

徐晓芳

　　幸福公园面向威海湾，北起体育路，南至金线顶，西接中心商务区，全长1566m，平均宽度138m，占地面积20hm²。

　　总体设计思路是，增强城市的综合服务功能，凸显滨海岸线的旖旎风光，渗透人文历史的深厚内涵，打造城市形象的靓丽窗口，优化对外开放的良好环境，成为集旅游、休闲、娱乐为一体的综合性开放式公园。

　　公园景观设计贯穿人性化理念:

　　1. 充分考虑威海地域文化及得天独厚的自然条件，运用雕塑作品、文字雕刻等手段丰富其文化内涵;

　　2. 利用丰富多彩的乡土植物材料和传统造园艺术，提高其景观效果;

　　3. 增加功能设施满足人们旅游休闲的需要，打造具有浓郁地域文化特色的城市滨海公园。

一、五大景区

　　幸福公园自北向南分为海韵、海阅、海赋、海情、海翔五大景区。

下沉式休闲街

小品《四条屏》

儿童沙坑

旱喷泉

乔冠地被组成的复层植物群落

1. 海韵景区

占地面积5.7hm²。主要建有音乐长廊，主题雕塑《肖邦》，还建有《贝多芬》、《施特劳斯》、《冼星海》等7位中外著名音乐家雕塑。该景区通过柱廊、雕塑、大海和背景音乐调动视觉与听觉的感受，涛声、乐声、美景和大师作品构成一幅韵律美的动人画卷。

2. 海阅景区

占地面积4.3hm²。着重体现威海开放、发展的城市形象，展现威海积淀深厚的历史风貌与别具特色的城市风情。主要建有"幸福门"、下沉式休闲街、观海平台。

"幸福门"高45m，宽42m，高大壮观、华丽辉煌的外形彰显着威海开放、发展的城市形象。这里是威海千里海岸线的起始点，是整个公园的标志性建筑。

3. 海赋景区

占地面积3.5hm²。主要建有主题雕塑《智慧之书》（上刻老子《道德经》)、《威海赋》石刻、名人街（包括中外科技名人、中外文化大师等42座名人雕塑）。既考虑满足游人与市民旅游休闲、娱乐需要，又兼顾丰富威海人文文化和海洋文化。

4. 海情景区

占地面积3.3hm²。主要建有旱喷泉、儿童游乐沙坑，为儿童游乐、玩耍以及群众演出、健身提供最佳活动场所。

5. 海翔景区

占地面积2.7hm²。旨在倡导海上运动，丰富海上体育文化生活。并建有休闲餐饮服务设施。

海韵景区泰山石与植物景观

幸福公园鸟瞰

掩映在绿树丛中的洗手间

大苗木移植

名人街

二、绿化景观

　　幸福公园自北向南分为五大园区，即木瓜园、桂花园、紫薇园、白蜡园、玉兰园。在绿化上充分体现以人为本，根据植物多样性的原则，在植物配置上，以乡土植物为主，采取疏林、草地、花镜的种植手法，科学合理栽植乔木及地被植物，减少中间灌木层的数量，满足人们从公园西侧观海的需求，满足人们追求轻松、愉悦自然空间的需要。结合大树栽植为游人提供林阴广场、林阴散步道等活动空间。在乔木选择上本着适地适树的原则，大量选用抗海风、耐盐碱的黑松、白蜡、乌桕、榉树、楸树、黄连木、朴树、丝绵木等抗逆性强的乡土树种；同时为体现景观的多样性，配置不同色彩、花期的花镜，在花期的搭配上实现了三季有花，春花以鸢尾、鼠尾草、滨菊、地被福禄考、婆婆纳等为主，夏花以萱草、玉簪、紫露草等为主；秋花以假龙头、大花秋葵、菊科花卉等为主。在花镜花色的搭配上，主要考虑暖色系和冷色系的区别，在以暖色系为主调的配置中，用金娃娃萱草、红运萱草、金菁草、金光菊为主色调，在冷色系中，以婆婆纳、滨菊、假龙头、紫露草、鼠尾草等为主色调。为进一步提升公园的档次和品位，经过科学论证，从欧美引进红花槭、挪威槭、北美枫香、北美红栎等彩叶树种烘托绿化景观意境；在公园入口及重点地段点缀对节白蜡、木瓜、紫薇等特色树种，将地方特色与高品位植物景观相结合，将自然景观与人文景观有机结合，突出城市个性与城市品位，实现了以精品植物打造精品工程，构建精品城市的目的。幸福公园共选用植物品种154种，栽植乔木3316株，花灌木及地被植物33万株，宿根花卉及观赏草22.8万盆，草坪6.1万m²，形成了乔、灌、地被合理搭配，以乔木为主的复层植物群落的自然景观。

三、文化特色

　　根据各景区的含义和功能特点设置：大型主题雕塑3座：《万福图》、《智慧之书》、《肖邦》；中外名人雕塑42座：《毕加索》、《阿基米德》、《爱因斯坦》、《张大千》等；小品《海螺女》、《四条屏》、《生命的启示》等以及威海大事记地面浮雕。

四、灯光照明

　　灯光模式分为平日模式、表演模式和节日模式3种，安装505基，灯型10多种。形成光柱交错、相互辉映、色彩斑斓的效果，塑造"活力威海、时尚威海、绚丽威海"的形象。

疏林草地

雕塑《爱因斯坦》

休闲运动区

雕塑《张大千》

五、休闲娱乐

建有下沉式休闲街、健身区、音乐长廊、文化广场、艺术画廊等休闲娱乐设施。

六、新工艺新技术

1. 彩色透水地坪的采用

工程建设中，采用了约1万㎡的彩色透水地坪铺装，面积大且应用于车行道铺装。彩色透水地坪系统，主要由水泥、外加剂、矿物掺料、标石、彩石、纤维、彩色强固剂和水等8种物质共同构成，是一种能够有效补充地下水、缓解城市热岛效应的优秀铺装解决方案。

2. 止水帷幕技术的应用

在下沉式休闲街工程上，采用止水帷幕技术有效地解决了海水倒灌等难题。采用SPR型钻机，用三钻头钻具钻成单元槽，钻进时，通过泵及管路系统向孔内注入水泥浆，利用钻杆上的搅拌叶片将水泥浆与砂土搅拌均匀，形成水泥砂浆，钻至预定深度后，钻机反转，将钻具提出，同时利用钻具的反作用力将搅拌好的水泥砂浆压实，形成一道密实的水泥墙。第二段墙体与前段相割，连续施工，形成一道整体连续的密不透水的防渗帷幕。

幸福公园成为威海市新的标志性区域，为"人居威海、精品威海、和谐威海"添上了浓重的一笔。

本项目获得2010年度中国风景园林学会"优秀园林绿化工程奖"金奖。

单位名称：威海绿苑园林工程有限公司
通信地址：山东省威海市公园路13号
邮　　编：264200
电　　话：0631-5223845
传　　真：0631-5208597

寿光市现代游园绿化工程

夏坤学　　李　泽

　　寿光市现代游园绿化工程位于山东省寿光市建桥路与东环路之间圣城街两侧，占地12.5万m²。

　　在工程建设中，突出"以人为本"的绿化理念，注重景区与周围建筑、街道以及整体环境的协调，采用丰富的植物品种搭配，达到了良好的景观效果。大量栽植了雪松、合欢、美人蕉、百日红、栾树、樱花、朴树、银杏、国槐、柳树、白皮松、五针松、五角枫、法国梧桐等80余种乔灌木。空间上乔灌木合理搭配，形成了层次分明、错落有致的立体绿化景观效果。种植了荷花、睡莲等水生植物，丰富了景观，增强了观赏效果；修砌了假山、景墙，摆放了景石，建设了竹林、溪流、栈桥、灯光音乐喷泉等，增添了生活情趣，突出了人文特色；用透水砖、草坪砖铺设了园路和踏步，突出了游园的环保特色；游园内建设了活动广场，安装了休闲座椅、张拉膜等设施，满足了人们休闲的需求；同时，设置了大型景观灯来增强夜间的景观效果。

假山

跌水

游园鸟瞰

花镜

本工程主要有以下几个特点：

1. 绿化设计布局合理，工程在绿化施工中本着"自然、生态"的理念，因地制宜，力求营造出生态科学、配置艺术化的绿地。将圣城街两侧的建筑群和软质景观有机结合，突出寿光东城景观的文化性、景观性、地方性的特点。

2. 地形改造过程中对原有大树的保护，使得原有大树与新植苗木自然结合，做到了真正的保留，充分发挥了原生保留植物的景观价值。

3. 在造景上以生态优先为原则，挖掘历史文化内涵，深刻融入文化元素。在广场中央制作了铜雕，从结绳记事、仓颉造字，到齐民要术，一直延续到今天的寿光蔬菜；并且采用地雕的方式（材质为青铜、花岗岩）把天干地支等历史文化表现出来，使游人在行走的时候也能感受到乐趣和情趣，感受到寿光的悠久历史，了解寿光，感受寿光。

4. 在园路广场铺装过程中，为体现自然气息，所有铺装在选材和造型上均考虑自然、环保、以人为本的原则，采用透水砖铺装，既环保又经济。园路的线型控制上比较流畅、圆滑，艺术性很强，景观效果很好。

5. 引进了植物新品种五针松，作为南方树种也是2006年第一次引种，经过试种评价，并在科学的移植、假植、保育等技术控制下，谨慎的进行了推广应用。

工程建成后，以优美的绿化景观、鲜明的文化特色、错落有致的活动场所、优良的建设质量受到了各方面的赞扬，成为寿光市城市绿化的一处精品工程，并为市民提供了一个休闲娱乐的好去处。

泰山石景石与水刷石路

植物与景石的搭配

街头小景

揽胜

曲径通幽

张拉膜

园路铺装

柳风

荷韵

雕塑墙

枯山水景观

汀步

花团锦簇

本项目获得2010年度中国风景园林学会"优秀园林绿化工程奖"金奖。

单位名称：寿光市远大园林工程有限公司
通信地址：山东省寿光市建设大厦1303室
邮　　编：262700
电　　话：0536-5207677
传　　真：0536-5207677

长春市御花园建设工程

唐世光　张革

　　本项目位于长春市中心区域，占地面积16.4hm²，其中绿地面积14.05hm²，水面面积0.75hm²，园路、广场铺装面积1.6hm²。御花园于伪满时期被规划为溥仪的宫廷花园，本园是依据这一特殊历史背景，利用现有地形、地貌及植被，采用中国古典园林造园艺术手法和现代园林设计理念，塑造的一处景色优美、意境幽远，蕴含人文历史和自然景观的生态公园，呈现"虽由人作，宛自天开"的园林景观。公园包括入口景区、杏林花坡景区、青峰揽翠景区、柳映荷塘景区、林阴健身区和休闲健身区6个主要景区。

　　本工程施工中，针对仿古建筑、园林小品、植物配置等施工要点周密组织、精心施工。

保留的原有大树，枝干遒劲，形态秀丽挺拔

东朝阳路入口景墙

通往林阴健身区的园路

嵌草条石园路

休闲廊架

1. 植物配置

植物配置强调植物品种的多样性，植物群落的合理性，植物层次的丰富度，并营造具有良好的生态环境及层次丰富的立体绿化景观。配置原则为：（1）重现历史上的景观。主要体现在恢复"杏林花坡"和"柳映荷塘"景区的建设中，配置大量的杏树、柳树、荷花。（2）突出重点景观特色。如御风亭周围配置了黑松、槭、榆叶梅、山梅花等植物，体现御风亭风姿的同时增加了景观季节色彩。（3）遵循"适地适树"原则，尽量选用乡土树种。（4）部分区域树种选用高大乔木，一般胸径达到30~40cm，高度达到10~15m，树冠丰满，组团栽植。（5）结合现场地形地貌，随坡就势，丰富林冠线，营造自然景观效果。（6）乔灌草合理搭配，丰富竖向景观层次，品种多样，力求三季有花，四季有景。

2. 堤岸处理

池塘堤岸采取自然式处理手法，漫坡草坪由景观广场、道路延伸至湖边，并配以散置景石，点缀水生植物荷花、芦苇，喜湿植物美人蕉、千屈菜等，保证水域景观效果和生态结构。特别值得一提的是水域东侧，有一处溢水口，为保证公园景观效果不受影响，在此处堆置假山石，既满足了功能需要，又为湖体周边增添一处景观。

3. 地形改造

地形处理上，利用园区现有的洼地及山脊走势，进行合理改造，将公园的空间层次立体化，工程改造中因地制宜、随坡就势，用较小的土方工程量达到跌宕起伏的景观效果。

4. 道路施工

主环路采用水泥路面，宽阔平整，便于市民沿此路慢跑、散步等健身活动。次级路铺装材质更加丰富，有的以花岗岩石板为主，花岗岩缝隙和边石位置用米色雨花石立栽，有的以汀步石相连，自然和谐。既丰富了路面景观，又给市民创造了健身按摩的场所。

5. 景观小品

御花园大门位于公园东入口广场，表现形式为一组具有现代感景墙，高低错落，虚实相映，暖黄色文化石贴面，并配以组合式花箱。园区北侧的景观花架，主体结构为一处大型花架，背景为一景观墙，作为花架的支撑，架与墙有机结合，成为园区一处靓丽的景观。花架下合理布置景观座椅和花坛，丰富了花架的景观色彩，成为园区内重要的休息场所。两处健身活动区内栽植5~7株稠李子、榆树、青皮槐等高大庭荫树，树下为休息座椅，座椅采用木质结构，而没有采用坚固耐用的花岗岩材质，因长春冬季温度较低，石质材质不便于游人使用，体现了以人为本的设计理念。

御花园改造工程是2008年长春市重点绿化工程之一，交付使用后的公园，人气旺，每天清晨4点多就陆续有市民来此漫步小跑、舞枪弄剑、翩翩起舞。优美的绿化环境，高标准的施工，得到了广大市民的认可，每天来此休闲健身的市民达2~3万人。

杏林花坡景区

园路

柳映荷塘

碧波荡漾

园区主干道

木栈道

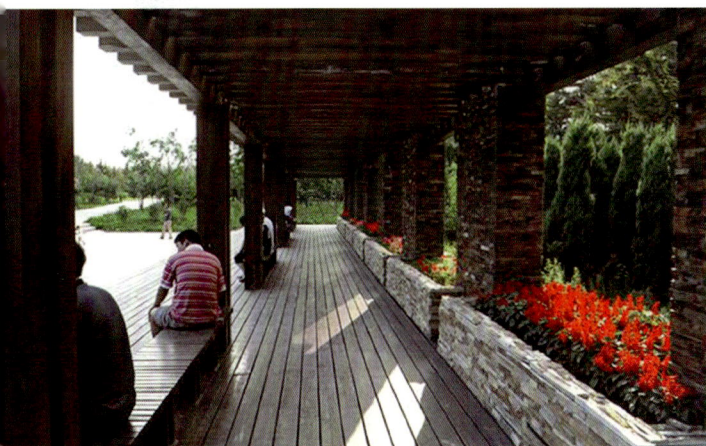

景观廊架

本项目获得2010年度中国风景园林学会"优秀园林绿化工程奖"金奖。

单位名称：长春绿地开发建设集团有限责任公司

通信地址：长春市西安大路4268号

邮　　编：130062

电　　话：0431-87959288

传　　真：0431-87959259

九曲栈桥

东莞市大朗荔香湿地公园工程

　　大朗荔香湿地公园位于东莞市大朗镇蔡边村，毗邻大朗镇中心区，总面积1360亩，其中绿化面积约300亩、荔枝园面积约600亩、水域面积约400亩、设有停车位300多个、规划建设水产养殖等10个产业区，是大朗48项重点工程之一。该工程包含园区道路、绿化种植、硬质景观、灌溉及排水系统、路灯及电气、室外给排水、停车场、人工湖、游船码头、厕所等项目，是一座集经济、观赏、休闲于一体、富有荔枝之乡特色的农业生态园。

入门铭石

一、工程特点

1. 对称式布局

　　大朗荔香湿地公园在设计风格上采用对称式布局，强调力度感，使用的是各种现代材质（如玻璃，钢材等），使公园形成一个整体感强，简洁大气的公园式生态园林。

2. 功能性和景观性结合

　　在公园的设计和施工中，充分利用原有地形高差，自然地形成不同空间的划分，并赋予了各空间相应不同的功能，使功能性和景观性得到完美地结合。

牌坊

老荔新姿

景观水系

滨菊景观

滨水花镜景观

松果菊花镜

汉葵雕塑

本项目获得2010年度中国风景园林学会"优秀园林绿化工程奖"金奖。

单位名称：上海园林绿化建设有限公司
通信地址：上海市普陀区云岭西路589号
邮　　编：200333
电　　话：021-52702100
传　　真：021-52700111

龙门吊式古树支撑

太庙南门雪松

太庙西侧一、二级园路

太庙东侧汀步

太庙北门古柏林（古树支撑）

树笼及通气渗井

古树复壮与支撑

太庙五色门

通气设备

东假山路铺装

本项目获得2010年度中国风景园林学会"优秀园林绿化工程奖"金奖。

单位名称：北京金都园林绿化有限责任公司

通信地址：北京市西城区太平桥大街

107号10层

邮　　编：100033

电　　话：010-66212417

传　　真：010-66215873

柳州盛天龙湾主入口及公园园林绿化工程

广西柳州盛天龙湾公共绿化工程是我公司设计施工一体化的项目，位于柳州市阳和新区，北邻静兰大桥，西望柳江，处于柳州东大门静兰桥的核心地段。总面积为3.65万m²，其中绿化面积2.37万m²，建筑面积约1.3万m²，绿化率达63.3%。全园布局坚持"自然和谐，生态优先"的原则，充分利用并合理改造原有资源。以植物营造空间，充分利用乡土植物，营造形态多样、具有丰富季相变化的植物群落景观。在景观元素构成上，通过植物配置与特色铺装、园林小品等营造出多功能的空间，满足居民活动和观赏的不同要求。

一、绿化为重点

在公共绿地的设计上，通过流线的健身散步径和疏林大草坪相结合，形成疏朗有致的景观序列。由于绿地靠近市政主干道，因此，靠近主干道一边，以大坡地形进行阻隔，并在堆高山体上配植密林景观，对主干道车流影响进行有效的阻挡，为人们提供了一个安逸、舒适的户外活动环境。通过景观的停、留、转、合，配合地形的高低错落，因地制宜，形成丰富的景观视觉效果。在项目特色景观营造上，以"人文—生态—自然"呈现特有的品位。

绿地的北面为会所区，是居住小区主入口和会所售楼部的必经之路。为集散人流，此区设置了树阵广场、标志景墙和特色水景、停车场、篮球场等为市民提供运动场所。青少年活动区为开放的广场区，广场内放置了康体活动器材，设有特色铺地与色彩斑斓的花镜花带，营造了活泼热烈的气氛。中心绿地区为工程的重点，采用了大面积的绿化种植。通过种植大量的乡土树种，并选用植物品种丰富，形成多样性人工植物生态群落。

鸟瞰

特色建筑

二、施工特点

现场施工充分利用原有土方，将建筑开挖出的土堆积在公共区的绿化地中，形成坡体的绿化带，很好的分隔了公共绿化带和市政主道的阻隔，有效地减少了噪声的污染。种植施工中，植物材料严格挑选树形好、规格适中（所用乔木胸径普遍在10~12cm）的植物。利用当地的糖厂余物——蔗渣发酵成有机肥料，减少化肥的污染。

植物配置上除了按设计要求乔、灌、草搭配合理外，植物造景也尽可能地保持全冠移植，采用了滴灌技术，解决了移植全冠大树成活率的难题，通过合理的布局和对树木形态、颜色及习性的巧妙搭配，结合别致的园林硬质景观，营造出自然的植物景观。

景观以绿地为主，减少铺装和道路的设置，选择透水性良好的铺装材料，营造良好的生态环境。植物选材方面，考虑一些抗污染、净化空气、吸尘的品种。使用播种的方式来种植时花，达到花钱少又有很好景观的效果。以草地广场取代硬质广场，采用自动喷灌系统，利用柳江水进行喷灌。

园林硬质景观施工精细，树池切割异形弧线流畅，预制水渠、水井盖、座椅等线条精细，铺装花纹体现了文化内涵（铺地为盛天龙湾的徽标）。

入口景墙

植物组团配置

花团锦簇

花镜

配置与造型

繁花簇拥

翠林繁花

草木蓬勃

流水跌岩

竹塘蛙鸣

本项目获得2010年度中国风景园林学会"优秀园林绿化工程奖"金奖。

单位名称：广州普邦园林股份有限公司
通信地址：广州市五羊新城寺右南二街16号
　　　　　（广兴华花园内）
邮　编：500600
电　话：020-87376637
传　真：020-87361417

庭院一角

鸟瞰效果图

徐州市云龙湖市民广场等景观绿化工程

徐州市云龙湖市民广场景观绿化工程由市民广场景
观、八一大堤（滨湖公园）、滨湖新天地步行街三部分
组成。市民广场南北长280m，东西长850m；八一大堤
（滨湖公园）总长1600m；滨湖新天地步行街3.5万m²；
总工程面积约44万m²。

一、工程分区

1. 市民广场

市民广场的核心建筑为美术馆，主要景观构成由
一湖（如意湖）、两轴（历史长河、文化长廊）、三场
（星辰广场、水源广场、未来广场）、四园（银杏园、
紫薇园、玉兰园、梅园）组成。整个广场的平面布局以
美术馆为中心，如意湖蜿蜒缠绕，东西、南北两条分别
反映历史与文化的景观大道相互支撑，多处景观节点散
布于阔达幽深的植物背景中。

广场内道路分为三级：其中一级道路纵横二轴贯穿
整个广场，为主要交通通道；二级园路以优美的S形曲
线灵活地连接银杏园、梅园、紫薇园、玉兰园等多个特
色景区，宽度为2.8m，主要为花岗岩及青砖结合的道
路；三级道路为各个景区景点的连接线，宽度在2m以
内，主要以青砖为主。

植物的种植以营造生态自然环境为目的，突出银杏
园、梅园、玉兰园、紫薇园四个园区的特色。营造出四
季缤纷的绿色植景效果，并通过植物搭配组成不同的景
观效果，形成疏密有致、层次错落、多姿多彩的城市景
观环境。

历史长河

美术馆主入口

2. 八一大堤

八一大堤位于云龙湖北岸，东靠云龙山、西邻音乐厅，总长约2000m，形成两轴（主干道、文化通道）、两区（商业步行街景区、滨湖生态绿地景区）、多景点（世纪风帆、月影风帆、天地广场、观涛广场、闻香园、松竹园、寿石广场、游泳俱乐部、观景平台、儿童乐园及康乐园等）的布局。

以八一大堤主干道为中心，在主轴两端设置多个景点，并在主轴上设立双排行道树，使道路隐藏在郁郁葱葱的行道树之中。利用在美术馆与商业街之间形成的空间关系，做了多个铺装节点，在如意河两边配置绿化植物，巧妙地将市民广场与八一大堤衔接起来，形成一个整体。

3. 其他主要广场

景观中的主要广场有：文化广场主要满足商业街及美术馆人流的集散，并在广场中设立具有商业景观气息的雕塑及生态景观驳岸的处理，巧妙地将商业气息与生态景观结合在一起；天地广场风格简洁、大气，在堤顶设置一处约2000m²的主体空间，并设置大型模纹绿地及树阵；观涛广场将云龙湖的湖光山色与文化广场的城市空间渗透在一起，给游人提供了一处远眺湖光山色的去处；世纪风帆主要体现体育文化，形成简洁大方的东入口景观；月影风帆保留原有张拉膜结构，对原有地面进行了整体修整；闻香园主要在周围配置香花树种，种植香樟、桂花、栀子花、玉兰等香花植物；寿石广场景观大台阶保留了原有的坡道，通过重新铺设铺装材料的办法，达到景观改造的目的，并保留原有的寿石，且在寿石周围配置大树。

中低层植物造景

亲水木平台

世纪风帆

水岸植物造景

植物景观夜景

水岸绿化

二、施工技术

1. 硬质铺装

本工程使用的主材为天然花岗岩与青砖材料。天然花岗岩色质基本达到统一，切割尺寸符合设计要求，平整度达到规范标准，粘贴层砂浆标号与厚度符合规范，质量达到合格标准。

2. 绿化工程

（1）营造景观绿化特色。根据周围环境，采用乔、灌、草相结合，注重植物的色相及季相色彩变化进行层次搭配组合，坚持因地制宜、适地适树的原则，注重植物的生长习性和适应性极力营造山水相依、相得益彰的绿化景观。主要乔木类有：香樟、重阳木、三角枫、黄山栾树、银杏、广玉兰、桂花、榉树等。其中用来衬托骨架的有：特大香樟、大银杏、大桂花、大重阳木、大广玉兰、大黄山栾树等；花灌木有：桂花、紫薇、樱花、红叶李、海棠、红枫、鸡爪槭、造型枸骨、罗汉松、红梅、枇杷、石榴等；球类有：无刺枸骨球、海桐球、红花檵木球、红叶石楠球等；景观造景树桩有：紫薇桩、红花檵木桩，盆景有：五针松造型盆景等；色块有：红叶石楠、金森女贞、龟甲冬青、金边黄杨、花镜等；地被有：草坪、麦冬、鸢尾等铺设；水生植物有：再力花、花叶芦竹、睡莲等。

水文阁

（2）绿化种植措施。为提高苗木存活率，将一些抗寒能力较弱的苗木提前栽植，及时高效地给树木浇水，对特种大规格树种挂活力素，能够促进根系的生长，并且用施撒泥炭土、鸡粪的办法来有效地改良苗木生长的外部环境，上部采用草绳卷杆，定时浇水，外侧包扎农膜进行保湿，大大提高了树木的存活率。

目前，绿化效果已初步呈现，总体上来说，该公园做到了环境宜人、功能完善、种植符合设计要求。在植物种植上采用了较多的大苗，如银杏、大桂花、香樟、三角枫等。

公园在植物配置上大量运用色叶树种突出春景和秋景，同时兼顾四季有景。春天海棠、樱花争相开放，秋天银杏、栾树秋意浓浓。此外该公园在部分景点处用花镜、麦冬点缀，让人有种回归自然的感觉。

市民广场与八一大堤的建成，给徐州市提供了一个浓缩悠久历史精髓、体现地域传统文化内涵、反映时代生活方式、适应社会经济发展，即广场是历史的、文化的、时代的精神家园。将徐州五千年悠久历史文化故事融汇在生态景观中。

时间之窗

亲水栈道

铺装细部

本项目获得2010年度中国风景园林学会"优秀园林绿化工程奖"金奖。

单位名称：中外园林建设有限公司

通信地址：北京市西城区阜外大街 11 号
　　　　　国宾写字楼 605 室

邮　　编：100037

电　　话：010-68005566

传　　真：010-68001307

西安泾渭工业园体育运动中心景观绿化工程

刘晓阳

泾渭体育运动中心位于西安经济技术开发区泾渭新城重要的门户区域，西邻包茂高速西铜段，南眺泾河。是国家级西安经济技术开发区泾渭新城的重要配套项目，承担着为泾渭新城入区企业及周边群众提供高品质体育运动、商务休闲服务的功能。同时也是西安首个工业元素运动主题公园，该项目是由西安经济技术开发区建设有限责任公司代建完成。

泾渭体育运动中心总占地约430亩，由体育运动区、商务会所区、休闲娱乐区、高尔夫练习场四个区域组成，建有泾渭体育馆、泾渭商务会所、健身广场、室外网球场、标准足球场、三人篮球场、室外乒乓球场和儿童乐园等文化体育设施。中心内的各项设施不仅能承办区域内的专业文化体育赛事，还能满足不同年龄层群众的大众健身、休闲娱乐的需求。

一、规划设计

公园选址在邻着高速路的三角狭长地带，地形不规整，最窄处仅70m，还有高速路行车噪音的不利影响，规划设计上对两个单体建筑的定位和各个功能区域的划分做了细致、缜密的构思，道路规划对各区域的分割和

联系显得自然、贴切，使项目的整体布局合理、均衡、流畅，犹如一气呵成，毫无牵强痕迹，而且把不利因素降到最低限度。

二、地形处理

为了使景观效果深远、丰富，项目把地形的竖向设计作为景观总体设计的重点，使整个公园的地形起伏延绵、高低有致、有呼有应，而且衔接自然、富有情趣。同时，多变的地形有障景、引导作用，而且阻挡了高速路的噪声。

三、硬质景观

为了体现现代、简洁的风格，公园的道路铺装、人工湖驳岸、草阶看台等硬质景观的铺装形式简洁、大方。公园的铺装道路上大量采用米黄色石材，使园路和路边的草坪的颜色相互辉映，有很强的视觉效果。驳岸的处理规避了传统的叠石手法，运用直线和弧线驳岸、简洁的蘑菇石压顶与主题相统一；草阶看台的同心半圆休息挡土墙，与绿植相间设置，既自然又富有情趣。

泾渭体育馆

泾水舞台

四、种植设计

公园种植上大胆利用乡土树种，且充分地运用了这些树种的园林特性：如楸树，树干笔直高达10m，对空间的围合和拔高有非常好的作用；泡桐冠大浓密，做为背景树种既有很好的衬托作用又有明显清晰的林冠线；另外柿树、枣树巧妙地配置在坡地上，呈现出秋季山林红果累累的景色。

五、工程难点

1. 土方工程

由于公园的地形设计丰富多变，为了达到设计效果，首先运用计算机对地形建模，模拟真实的效果、感受尺度和比例。现场用全站仪定位和放线，堆地形过程中，技术人员现场指导并感受效果，必要时请专家现场指导全局地形和局部的比例。

2. 硬质铺装

由于园路设计大量采用弧线，现场的定位放线，弧线园路的内外圆的石材切割有一定的难度，为了保证弧线的流畅和石材拼贴的均匀度，运用先进的仪器定位放线，组织有经验的技术人员和工人指导和施工，而且对细部处理做了严格要求，最大程度地保证了设计的效果。

3. 种植技术

在大面积的有坡度的地形上种植树木，主要解决的是苗木的水分供应和坡面流水冲刷的问题，而且这两个问题有时互有矛盾。给乔木灌水过多时，多余的水将泥沙冲至坡底，影响景观效果，但在施工人员的精心栽植和养护下，全园的乔木长势健壮，地形坡面的灌木、草坪郁郁葱葱。

喷泉广场

亲水平台与木曲桥

泾渭湖畔

107

晋城市植物园（儿童公园）改扩建一期工程

潘乐善　　马可勇

　　晋城市植物园（儿童公园）改扩建工程是在原植物园的基础上进行大规模改造的。建于1989年的晋城市植物园位于市区凤台东街路北，改造后占地将由原来的60亩拓展为90亩，由南至北分为三个区域：占地有1万㎡的广场活动区、展厅和儿童活动区和绿地休闲区。包括景观绿化工程、硬铺装工程、配套设施工程。

一、基本情况

　　晋城市植物园分为广场区、展览区和自然区三个部分。广场区位于前门广场部分，为彰显晋城围棋文化特色，树木像围棋一样不规则的分布在广场中心，根部白色的圆形天然石材座椅充当白棋，填满圆形深色棋子石的树篦子代表黑棋；展览区以城市规划展览馆为中心，辅以园林小品突出城市发展这一主题；自然区则通过大片不规则草坪形成清新自然的空间布局。同时，为满足小朋友游乐的需求，还设计了沙滩游戏区，内设秋千等各种儿童娱乐设施。

水生群落

疏林草地

拱桥

分层布局

苗木种植特色：适地适树，强调地方特色，以乡土性、适应性强树种为主导，适量引种观赏植物，满足功能、景观要求，形成整体效果统一和各具特色的绿化景观效果。自然和规整结合，疏植和密植结合，乔、灌、草结合，呈现形式多样、层次分明的绿化效果。

二、新技术、新工艺

1. 把环保节能理念融入各个施工环节

（1）在路面铺装工程环节，采用了国际上较先进的雨水自然回收方式，不仅环保还节省了施工成本。广场铺装部分采取了软铺装，覆土夯实，碎石垫层，然后直接铺装石材，这样有利于雨水的收集，直接回收大地，不需要再做排水设施。园路的铺装使用大量透水砖进行铺装，做到园路无积水现象。透水砖是采用沙漠中风积沙为原料，并经过特殊工艺加工而成的一种新型生态环保材料，属于完全拥有自主知识产权的原创性发明产品，具有透水、通气、耐压、耐磨、防滑等优质特性。

曲径通幽

林荫道

111

特色雕塑

树池

（2）公园路灯则全部使用LED节能灯、节能环保效果明显。

（3）本工程中大面积的绿地选用了较为先进的乔木灌溉透水装置，在不影响景观的前提下，解决了养护问题。树木灌溉透水装置是一种精确灌水器，为需要灌溉的乔木提供合理定点的灌溉，同时为乔木根部提供合理的需水量。节水喷灌系统的合理利用节约了水资源，提高了灌溉效率。

2. 应用提高苗木成活技术

在大树移植起运过程中，喷施大树蒸发抑制剂以提高成活率。在促进早生根、早发芽的同时，促进气孔关闭，减弱大树茎叶水分的过度蒸发。为给新移植的大树补充养分，提高其整体抗性，采用打吊针和用"树动力"直接注射的方法，提高树木移植的成活率。此种新措施的应用，不仅在施工过程中减少了人力物力，更重要的是降低了养护成本、提高了苗木成活率。

112

规则式修剪

种植群落

规则式绿篱

硬质驳岸

竹篱

3. 专业的养护技术

俗话说"三分种、七分养"。要使园林景观保持长期的优美效果，就必须加强养护工作。为此，公司成立了专业的养护队伍，应用的技术主要有：

（1）加强水分管理，提高苗木成活率。主要注意叶面水的管理工作，选用了高压的喷雾机器，为移植初期的苗木提供了水分补充及良好的小气候。

（2）病虫害防治技术。贯彻预防为主，综合防治的措施。

（3）修剪技术。注意按照地形及植物搭配的特点进行修剪，保证了自然丰满，线条流畅的地被景观，对草坪则勤修剪。

（4）切边、松土技术。勤松土、勤切边，使园林景观效果更整洁、清爽，也很有利于苗木生长。

本项目获得2010年度中国风景园林学会"优秀园林绿化工程奖"金奖。

单位名称：扬州意匠轩园林古建筑营造有限公司

通信地址：江苏省扬州市广陵区文昌中路18号
文昌国际大厦 402 室

邮　　编：225003

电　　话：0514-85559925

传　　真：0514-85559912

宁波春晓明月湖景观一期工程二标段

刘圣棠　　吴杰锋

总平面图

图例：1 明珠广场　6 会所　11 亨通桥　16 景观桥　21 聚园广场　26 烧烤场　31 七彩商业街　36 宾园
2 小区中心广场 7 小区门卫 12 海螺广场 17 迷你高尔夫 22 明月桥 27 体闲垂钓 32 停车场 37 泵房
3 小区入口广场 8 小商店 13 扬帆广场 18 服务用房 23 海的广场 28 生态湿地 33 厕所 38 地下停车场入口
4 滨水小广场 9 餐厅 14 浮萍 19 花园网球场 24 双桥 29 琴弓广场 34 亲水平台 39 10kv开关站
5 幼儿园 10 凯旋广场 15 春晓桥 20 入口广场 25 野营基地 30 六角亭 35 地标雕塑 40 燃气箱调式调压站

　　春晓明月湖景观一期工程二标段工程位于浙江省宁波市北仑区春晓镇，是由浙江宁波经济技术开发区春晓开发建设指挥部投资建设，浙江凯胜园林市政建设有限公司组织施工的工程点面积约21万m²。

　　该工程是一项布局严谨、景象鲜明、富有节奏和韵律的园林工程，并利用树、石、雕塑等造景素材来诱导、暗示、促使人们不断去发现和欣赏令人赞叹的园林景观。园林中的道路是园林风景的组成部分，蜿蜒起伏的曲线、丰富的寓意和精美的图案，都给人以美的享受。

　　施工过程中采用以下新技术、新材料、新工艺。

　　1. 大树的移植和养护方面，从大树的开挖直到定植，以及后续的养护中都采用了外加剂，如P.V.O水分蒸腾抑制剂、植物生长调节剂、植物生长活力素等，以确保大树移植的成功。

　　2. 现场混凝土采用商品混凝土泵送技术，同时掺加早强剂的技术，以减少水泥用量，提高混凝土的质量和效果。

　　3. 采用粗钢筋电渣压力焊工艺、粗钢筋套筒冷挤压施工工艺。

　　4. 推广计算机在施工管理中的运用，运用网络计划、智能化管理进行施工进度控制。

　　5. 采用先进的激光垂准经纬仪，提高轴线尺寸和垂直度的精度控制。

　　6. 用轻质砌块等新型砌体材料。

林带景观

藤架

雕塑

雕塑

榉树林阴

蓝色扬帆

景墙

林带景观

景观道

植物配置

拦海大坝阶梯

大坝护坡绿化

绿意盎然

滨河绿带

疏林草地与水岸观景台

景观树

7. 贯彻GB/T 19002——IS9002标准，全面提高工程质量管理水平。

8. 其他特殊材料施工工艺。

在业主单位、监理单位和质量监督单位的指导下，经过项目部及公司的共同努力，已圆满地完成了该项目，并且荣获了宁波市"园林绿化项目安全文明施工标准化工地"称号。

本项目获得2010年度中国风景园林学会"优秀园林绿化工程奖"金奖。

单位名称：浙江凯胜园林市政建设有限公司

通信地址：浙江省宁波市北仑区农业园区

沿山公路1号

邮　　编：315806

电　　话：0574-86996607

传　　真：0574-86838323

湿地景观

无锡东蠡湖二期 B 块工程（三标段）

长广溪湿地公园位于蠡湖西南岸石塘桥堍，是连接蠡湖和太湖的生态廊道。它西依军嶂山，东邻大学城，北连蠡湖，南靠太湖，依山傍湖，地理位置和自然环境非常优越。2005年5月建设部将其列入第二批国家城市湿地公园名录，是全国十个国家城市湿地公园之一。建设长广溪国家湿地公园，旨在恢复与重建长广溪周边湿生植被带，带动以长广溪为轴的水系整理，形成由蠡湖至太湖蜿蜒曲折的"溪阔水长"水系结构，恢复其对无锡入湖径流的净化作用，发挥其作为入湖的重要前置水道水域的生态战略价值。

一、基本情况

长广溪湿地公园分为启动段、A块、B块三块工程。我公司承接的为B块三标段，工程内容包含土建小品和景观绿化，三标段绿化面积约6.1万m²。含外湖生态湿地景观带、常绿树和落叶树种以及湿地植物结合的休闲区、湿地解说中心，展示江南特色的雕塑园区。工程建成后是一座集生态、休闲、科普、人文为一体的国家级生态湿地公园。该公园充分利用生态净水系统改善水质，溪边湖畔浅水植物挺立，湿地内草木葱绿，自然生态环境优美，使游人在生态湿地休闲娱乐中得到文化的熏陶和便利的服务。

自然式水塘

湿地植物多样性

广场铺装

雕塑广场

小桥

观荷

二、施工中的重点和新工艺的应用

1. 外湖水生植物景观带的施工

因为外湖湖面广阔，所以风浪较大，新种植的水生植物容易被风摇动吹走，另外外湖河床被水冲刷的异常坚硬，根本不能种植植物。项目组及时与设计人员及蠡湖办领导协商制定了新的种植方案。首先是增加外湖种植区的土壤深度，营造水生植物适宜生长的土壤环境，回填大量的土方，控制土壤高度在蠡湖常水位标高之下20cm左右；其次是在外湖回填土方的边缘人工修筑防浪木桩，桩高2m左右，深入湖底1m，紧密排列，用铅丝连接紧固，高度与回填土方等高，在防止回填土方的流失，同时减少湖面的大波浪对水生植物的冲击；再次种植时采用大墩的水生植物，同时扦插竹竿固定其植株等措施，极大地保证了苗木的成活，形成了预期的外湖水生植物景观带。

木栈桥林阴小径

2. 露天舞台草坪积水问题的处理

因市政道路设计标高太高，导致露天舞台处疏林草坪外高内低，下雨后的雨水形成倒灌，造成大面积的积水。项目部经过细致的测量和考察后决定采取草坪下铺设排水盲沟的方法解决排水问题。首先在将草坪处的土方粗平后人工开挖深度为50cm、宽度为30cm的纵横交叉的多条沟渠，在

露天舞台大草坪处湖边花径

露天舞台一角

沟底铺设10cm厚的碎石，然后铺设直径为12cm的透水盲管，再用碎石回填没过盲管5cm，回填土方整平后铺植草坪，雨水经过盲管后汇集到雨水井排入外湖，解决了积水问题，保证了草坪的景观效果。

3. 碱性土壤种植香樟的问题

在本标段内有部分地块为原来工厂的灰土搅拌地和翻砂场地，导致地下土壤为碱性土，虽然上层覆盖1.5m的种植土，但碱性还是会对要求酸性土的香樟造成一定的伤害。为了解决香樟成活的问题，项目部经过研究决定采用酸性肥料中和碱性的办法。碱性土上种植香樟的地块精心养护做好养水塘，成活后对树穴周围施用硫酸亚铁和硝酸铵等肥料，同时进行灌溉，使肥料尽快地融化下渗，与土壤接触中和。经过对同一地块的试验记录，发现效果十分明显，从而解决了香樟成活的问题。

长广溪湿地公园形成了湿地生物的多样性，成为无锡城市的又一个景观亮点，对水质改善、涵养水源、调节区域气候、保护生物的多样性、环境保护和美化产生了良好的生态效益。

亲水码头

林间小路

休闲小广场

本项目获得2010年度中国风景园林学会"优秀园林绿化工程奖"金奖。

单位名称：无锡市绿化建设有限公司
通信地址：无锡市惠钱路2弄10号
邮　　编：214035
电　　话：0510-83016694
传　　真：0510-83016694

北京第七届花卉博览会室外展区建设工程（第一标段）

北京第七届花卉博览会室外展区建设工程的设计基础理念为"高水平、有特点"，设计主题为"花博之冠，顺义门户"。花博会室外展区位于花博会主展馆东北侧，正对花博会主新闻中心，总面积为28.9hm²，分为两个标段，由我公司承建一标段。园区的总体布局是四面环山中间抱水，山水之间由环岛穿梭连接，形成园区内富有特色的主路系统。各省市展区或邻水而居或靠山而建，形成各个不同的景观特点。

一、设计思路

1. 自然生态

2. 展、馆、园一体

3. 突出集约、节约

4. 突出地域文化特色

5. 景观标志鲜明

公园以植物造景为主，通过堆山理水创造出不同的生态区域，采用植物再围合成不同空间，与各省市的展区融合在一起，构成本园区独特的景观。为了营造良好的空间形态及景观效果，园内设计种植了胸径30cm以上的大树近百棵，25cm的大树近千棵，再另配有各种常规苗木及灌木。施工完毕时，园区已呈现出一片成熟的园林景观，形成了三季有花，四季常青的植物景观。

中心环岛景观

环岛

花海

花型主雕塑

二、新材料、新技术、新工艺的运用

1. 钠基膨润土防水毯及其施工

钠基膨润土防水毯是具有国际领先水平的生态环保型防渗材料，自问世以来，在人工湖、园林绿化、房屋建筑、市政工程、水利工程、垃圾填埋场等许多领域得到了广泛应用。最近几年在城市生态水利的防渗工程中也大量选用该产品作为防渗材料，普遍反映效果甚佳。

膨润土防水毯是由两层土工合成材料中间夹封优质钠基膨润土，通过集束针刺复合而成。作为一种新型生态环保防渗材料，它具有很多优于其他防渗材料的特点：

第一，它的密实性使其成为替代粘土防渗的最好材料，本产品在6mm厚的情况下，它的渗透率是5×10^{-11}m/s以下，相当于1m厚压实粘土的防渗效果。

第二，它的柔韧性使其整体稳定性好，抗拉强度高，可适应不同地形，特别是沉降造成的变形。

第三，遇水后膨胀率可达15倍左右，在上下两层土工织物及回填保护层的压力下，形成紧密的凝胶体，这种凝胶体不仅可以起到防渗的效果，同时还具有自我修补2mm裂缝的修复能力，从而不怕水中植物根系穿刺，起到防渗功能的同时又不影响水中动、植物的生长。

第四，由于膨润土为天然无机矿物质，对人体和环境无害，属于优质环保防水材料，而且不会老化，使用寿命长达50年以上。

综上所述，钠基膨润土防水毯具有优异的防渗性能，耐久性好，其自愈性、易补性强，施工简便，且不受施工环境温度影响。

北京园姐妹并艳

青海园一角

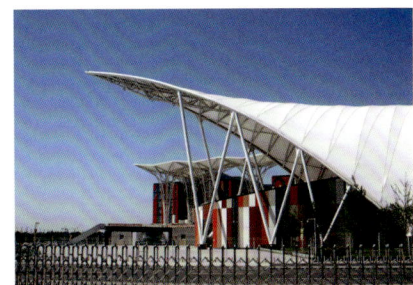

主入口

北京第七届花卉博览会室外展区建设工程（第二标段）

韩悦庆

生态透水砖路面

北京园外公共空间布局

"春"景观花钵

北京第七届中国花卉博览会室外展区总面积404亩。我公司承接的是第二标段，施工面积约12万㎡。涵盖绿化种植；亭、桥、平台、园路等景观；灌溉系统及照明系统。标段内共有国内各省市及港澳台等21个展区，占标段施工面积的1/4。2008年9月12日开工建设，于2009年8月竣工。

本项目时间紧，政治性强，对完工后即时效果要求高。我公司施工重点体现以下几个方面。① 土质上严格把控：禁止黑粘土、建筑垃圾进场，对进场土壤进行多次翻晒后拌合草炭土、陶粒等辅助措施，优化土壤性能，保证苗木良好生长环境。② 苗木质量的把控：胸径40cm以上特大苗木移植过程中，把住源头，优选移植1~2次苗木，并跟踪运输，减少损伤。③ 种植把控：局部改良土壤，运用根部透气管等多种辅助措施，保证养分的供给与畅通。④ 后期养护把控：加强树体保湿，适当疏剪枝条，摘除叶片等措施保证其根冠平衡。

花博会会徽标志

水系驳岸植物景观

施工的难点主要是与各展区之间交叉施工，主环路的工期安排与展区施工车辆的协调。展区起伏大的地形经相互沟通调整其地形或采取明沟、旱河的形式，让展区养护用水或雨水通过这些形式流入主路雨水收集系统，减少对公共区域苗木的影响。总的来说，在保证园区总体景观需求的情况下，做出一定让步协助展区完成布展。

园林绿化除了具有生态效应，其生态性还体现在新型材料的选用，以及更加合理、科学的技术与施工方法。比如选用的生态透水砖道路面层材料，需承担透水、保水性与抗压、抗冻的责任；人工湖基础采用新型柔性防水材料，遇到小桥、平台柱基出现棱角等复杂的形状可以任意切割、裁剪、拼接，膨润土干粉能保证接缝处的密封性，其膨胀过程均为物理反应；湖岸生态袋码放软化了硬质驳岸的景观效果，生态袋是一种新型园林材料，具有耐腐蚀性强、抗UV、抗老化、无毒、不助燃、稳定性好、裂口不延伸等特点，生态袋内土壤吸收的人工湖水量供草坪的生长，软化了人工驳岸的施工痕迹。

观光路侧的边坡植物配置

汀步与草坪的结合

127

入口处精致景观灯具

游泳池边灯柱

景观灯具

园内草坪

园内凉亭

四、工程实施及重难点

1. 施工程序

本项目施工遵循"先地下后地上、先水电埋管后土建、先结构（基层）后装饰（铺装）与绿化、先土方后种植、先乔木后灌木地被"的原则，合理进行施工组织设计，在有限的施工周期内妥善处理交叉施工，有序地推进各项工程施工进程。

2. 硬景施工实施及重难点

本项目硬景工程主要包括回廊、楼梯、廊柱、雕塑、喷泉、园路、木结构、亭、桥、花坛、挡土墙、游泳池等具有欧式园林特色的景点的施工。

施工过程中，因该项目在硬景和软景上皆有大量规则与不规则造型图案与异形材料，所以我们对定位和标高的准确掌控要求十分严格，杜绝了因定位不准和标高差异造成的造型图案变形和异形材料无法对接的施工败笔。

同时，我们还在基层土方、基层、隐蔽工程的施工和面层施工上，严把质量关。面层施工中，因铺装设计十分繁复细致，装饰面材也品种多样，在装饰面材铺贴中尤为注意铺装形式严谨规范，线条流畅自然，放坡比例方向无误；严控空鼓率，注重成品保护；以严抓细节、有效控制和管理的方法，完美体现了设计意图及工程品质。

由于本项目建筑风格的基调为欧陆古典主义，园林景观作为建筑的烘托与陪衬，如何在呼应建筑风格的前提下自如展现景观的自有风格，是本项目设计与施工的一个难点。

硬质景观施工中，我们大量运用了厚重的线脚，着重采用竖向线条划分等手法；材料选择上，偏重使用颜色沉稳雅致、材质厚重、体量较大、质感极强的天然黄金麻与黑金砂石材。石材表面还配以大量纹饰华丽的雕刻、拼花进行装饰，力图以丰富的古典欧式园林元素为观赏者带来极具冲击力的视觉美感。虽然天然石材略显厚重，而且石材拼缝处常常出现异形对接，但实物的拼接效果反映出我们对拼接细节的周密考虑，最终使我们的作品达到宏伟而优雅、大气与安然的完美结合。

中轴线开端的社区会所作为整个项目的起点，会所前大型花岗岩回廊与喷泉，会所后室外游泳池、跌水喷泉与花岗岩半环形走廊，无论是工程量、技术含量、所占用的施工时间，还是装饰材料的加工难度，在整个项目的硬质景观中皆属最高等级，无疑是本项目硬景施工的另一个重点。由于这两个景点对材料的加工要求极为苛刻，而且多为异形、曲线拼装，因此材料放样极为复杂。为了更好地完成这两个景点的施工，我们在施工前一个月即指派专人前往福建水头，寻找当地最具实力的石材加工合作方，并现场监督石材货源的选择、加工、包装及托运。施工过程中，公司相关专业技师和高级技师更是精密测量与放线，样板先行，加强过程控制及细节处理，力争做到精益求精，最终以细腻精致的实景效果完美实现了设计师的最初构想。

特色景观水池

3. 软景施工实施及重难点

本项目软景工程主要由人工湖水系及绿化两个部分组成（其中绿化部分由恒大园林实施）。这两个部分对整个项目的品质提升起着至关重要的作用。典雅精致的硬景与勃勃生机的绿化效果及如梦幻般的水景与其配伍，必然无法完整地诠释设计师力图以景观效果表现的意境与风格。

为了不着痕迹地弱化建筑及硬景的线条与纹路，更好地营造私密、舒适、曲径通幽的仿生自然环境，本项目绿化中采用了一定体量的大规格常绿与落叶乔木、品种繁多的中型花灌木以及适合本土气候的地被植物，如银杏、桂花、香樟、三角枫、鸡爪槭及多种热带植物。通过对不同类别植物采用最佳组合方式与栽植手法，该项目以高直挺拔的热带植物、整齐如一的大规格常绿乔木群、缤纷饱满的花灌木色块及葱郁的地被植物，向业主呈现了气势恢宏与仿生自然的和谐组合。

绿化工程施工中，首要关键是进行土壤改良。由于本工程原有土层多为贫瘠山坡土混同建筑垃圾，经多次对原土进行土壤检测，根据检测结果施工队伍对土壤进行了原土与客土混合配比、掺沙、施复合肥、安置排水暗管等不同改良措施，以优质的种植土保证了苗木的良好生长条件。另外，无论对大规格乔木还是对灌木与地被植物，在苗木的选择、起挖、土球包扎、运输、修剪、种植等各个施工环节，不仅严格按照绿化施工规范开展实施，并根据多年的管理实践经验对各个步骤进行适当修正，还充分使用了已被初步验证颇具实效的新的保活促生技术，使全冠移植的乔灌木历经起挖、运输和栽植多个步骤后，仍能保证优美的树形和良好的景观即时效果，同时成活率明显高于其他未采用新技术的绿化苗木。

热带植物

园路铺装与指示牌

水系的植物配置与塑石驳岸处理

景观跌水

绿阴碧波

施工中充分发挥公司的设计与施工优势，实行项目经理负责制，配备一名具备现场实践经验的项目经理，一名具有较高设计水平的项目副经理，深入现场一线，实行事前策划、事中控制、事后总结的精品工程管理模式。公司对于本项目的施工高度重视，确立了创深圳市优质工程的质量目标，并成立了工程创优领导小组，编制了详尽的工程创优策划方案。并结合项目法，将各项管理制度、具体措施分阶段责任到人地落实到本工程的施工过程中。施工中注重新技术、新材料、新工艺、新设备的应用，确保景观效果的实现和工程质量的合格。

园路与水系

景观塑石、园路

休闲园路

151

葱郁自然、海天相接

凤凰山一号花园为珠海市高档别墅区，为了保证工程质量，施工中，广泛应用了新技术、新工艺、新材料。如园建施工，使用了先进的全站仪控制建筑红线，不但控制准确，而且提高了工作效率；在铺装上使用了"卓能一号强力瓷砖胶"新材料，避免了泛碱反浆、挂泪等污染饰面砖的现象，提高了工程质量；消防通道采用了聚丙烯植草格，从而节约了土地，提高了绿化率；绿化苗木，全部采用容器苗和假植苗，使苗木成活率提高到99％以上。

遵循适地适树和植物多样性的原则，景观绿化采用了大量的乡土树种，乔木、灌木、藤蔓、地被、水生植物品种多达150多种。按照景点的需要进行合理配置，做到乔、灌、草、花有机结合，使之疏密适中、层次分明、色彩调和，并与山体植被自然衔接，融为一体。

经过一年的精心管护，各景点功能发挥良好，植物生长茂盛，生态效益显著。甲方满意，用户赞扬，经有关部门验收，整体工程质量达到优良标准。

别墅区绿化景观

天台花园里的儿童游乐天地

湿地溪流特色景观花池

依山而建的精品湿地艺术景观

会所旁的特色亲水平台

登山步道与跌水溪涧

清静优雅的特色水体

别墅间绿荫下的曲径通道

本项目获得2010年度中国风景园林学会"优秀园林绿化工程奖"金奖。

单位名称：珠海经济特区园景绿化工程有限公司

通讯地址：珠海市香洲梅华东路148号

邮　　编：519000

电　　话：0756-2231129

传　　真：0756-2231126

天台花园通道绿化

总平面图

休闲步道

卵石步道

南昌香域尚城园林景观工程

许立群

一、工程概况

南昌香域尚城位于南昌市红谷滩区红角洲丰和立交旁，东临赣江，依托丰和南大道绿色生态轴线。小区总用地面积16.5万m²，绿地面积约8.5万m²。小区西面和北面衔接一条长300m、宽度达20~50m的绿色生态景观带，使小区成为配套完善的现代高档住宅社区。

二、园林景观规划设计

南昌香域尚城园林景观工程由汕头联泰园林绿化有限公司深化设计并负责施工。施工面积为10.39万m²（包含商业街和园区外绿色生态景观带），其中硬景约为2.29万m²，软景面积约为8.1万m²，水体面积约为3370m²。采用中欧园林结合的理念，通过传统与现代结合的园林设计手法，体现现代时尚与生态环保人居环境的完美结合，创造一个生活休闲、康体健身兼具的宜人居家环境。

绿拥亭

马啸长池

青翠欲滴

1. 园林景观设计从建筑规划就开始介入，利用建筑围合和形成的高差，充分创造大面积绿地空间及地形变化，为营造高品位的园林景观提供十分有利的条件。形成"一中心，两轴线，四组团"的布局形式。"一中心"即中央叠石瀑布和人工湖水景园区中心，"两轴"即两个主入口广场到中央水景区这两条景观轴线，"四组团"即为围绕中心的四个住宅单位。各个组团互相联系和渗透又彼此有着不同的景观层次及景观定位。

2. 中西方园林的相互借鉴，相互融合，具有西方园林元素的中轴对称、方方正正，亦有中国园林的曲径通幽、小桥流水，正所谓方圆结合，自成天地。如在商业休闲景观带、小区入口、组团内轴线对称景观，采用欧式风格设计的建筑、雕塑、水景、花钵等与建筑起到很

听瀑亭

小品雕塑

好的协调。而园区内通过空间布置和地形的营造，融入中国自然山水园的造景元素。充分利用堆坡形成高差，堆山置石、布置亭台曲径、瀑布溪流、小桥流水等景点，营造湖光山色的自然生态野趣景观。让身处城市的居民享受自然，充分地体现人与自然的和谐。

3. 注重园林造景与居民实际需求，生活休闲场所与康体设施结合，营造过程中注重人的空间感受和需求。利用各个相对独立又紧密相连的庭院空间，设置草阶剧场、儿童活动场地、羽毛球场、门球场以及卵石健康步道，方便不同年龄层次的居民进行体育休闲活动，也体现了小区健康、时尚、运动的理念。尽可能减少大面积铺装场地，恰到好处地在景观节点位置设休息亭、休息平台、林阴广场、雕塑小品等。利用局部的地形变化及绿化的组合与分割，创造不同的空间感受，满足居民观赏、交谈、集会、交往、停留休息、康体健身等日常生活需求。

4. 设计施工一体化，安排设计人员全程参与现场施工。对现场出现的不符合园林设计要求的问题，如比例失调、图纸和现场不符、材料变更等问题能及时解决。

喷泉小景

桂花林步道

四季花钵

棕榈岛

杭州橡树林景观园林有限公司

二、工程特点

现在建成迎接评审的一二区位于整个居住区的西北部，用地面积32.2km²，绿化面积11.71万m²，人均集中绿地面积1.31m²。我们组织了优秀的规划设计、施工及管理队伍，严格遵循江西省园林小区的标准及园林景观规划，因地制宜、高质量、高效率地完成了一、二区园林景观建设工作。

一、二区园林景观主要围绕东西轴线和南北轴线布置。从功能分区上，东西轴以人文景观为主，依次布置了形象识别区，视线引导及交通组织区，生态水景区，中央主景树区，人文主景区（兼顾休闲）；南北线上则分布生态停车区，休闲观景区，草坪游戏区，茂林区，少儿游乐区等。东西轴线主要景观依次为：主题花坛—时花花坛—树阵花坛—日照瀑—月中桂—怡心桥—生态井—湘樟—生肖步道—阅水听心；南北轴依次为：兰台观庐—阳光浴池—（湘樟）—芸林浴香—童趣园。

亲水平台

凌波栈道

和园鸟瞰

园路铺装

档墙与抬高种植

空间分隔入口

旱喷广场

清溪翠谷

三、新技术、新材料、新工艺的运用

工程技术的生态化（生态井的运用）：我们在一二区内首创采用了生态井的做法，生态井就是利用本园区内地下水位较高的特点利用生态水资源，把周围绿地中雨水导入自净水系统。生态水池设在东西主轴线的下方，雨天它可收集大量雨水，晴天用于灌溉植被。这种做法既能开源节流、节约用水，又可作为调节植物根部水位的工程技术措施，可以说是一举多得。

此外，我们所有的户外停车场均采用生态铺装；植物支撑用的是竹和棕绳；园路排水采用卵石明沟；主轴线上的雨、污水井也采用了双层植草生态井盖。细部则体现了生态、景观与功能的和谐统一。

园区标识的生态化：园区使用了新湖集团CIS企业形象导入系统，并因地制宜进行了生态化改进。那一块块醒目的木制标识牌，在冰川石上微笑，一幅幅精致的石刻在草坪中透出历史的底蕴。

植物配置的生态化：植物是生态系统的基本因子，也是景观视觉的重要组成部分。充分考虑九江地理位置与气候特点，因地制宜地做出合理的植物配置是塑造"都市森林"的关键。用100余种园林植物构筑春观花，夏尝果，秋采实，冬赏绿的季相变化，带给业主们意想不到的喜悦。

防泛碱处理：立面铺装，先对其结构层进行了防水处理，防止水分渗透；一改传统的水泥砂浆结合料，采用了新型防碱背涂剂结合材料。

优美的S型园路与植物布局

硬质铺装

响泉树姿

整个环境工程体现了“以人为本”“注重生态”的设计理念，设计着力提高室外优雅环境和人文品味，形成了独特文化特色和内涵的园区风貌。在遵循和谐生态景观这一主线的同时，强调其安全性、实用性，突出生态科技特色。比如园区内景观水大部分来源于循环用水，雨水收集后循环使用，节约了水资源，道路旁也砌筑了美观、实用的排水明渠，便于雨水的收集。另外，施工中也进一步优化了设计，使本项目真正实现了和谐、实用、环保、生态的目标。

二、工程特色

1. 以水为主景

水景工程从小区入口为起点，将泳池、溪流、湖体在概念上形成连续的水体，围绕着中心湖，配以瀑布景墙、水上汀步、廊架、栈桥、山石，与自然地势紧密结合，并与周边的环境、园林小品、植物景观相映衬，形成美丽的景观倒影。

廊架

2. 植物造景

在生态环保日益被倡导的今天，绿色植物在居住环境中的重要性更加明显。植物造景以常绿乔木为基调，辅以常绿灌木为主要观赏树种，草坪、花卉作铺垫，同时注重色彩搭配、高低错落、分层布局，突出了空间变化；植物配置着重创造花成片、草成坪、林成阴的美丽景观。

嵌草铺地

隐形防火通道

趣味性休闲角

疏林草地

雕塑小品

湿地小景

造型绿植

跌风叠水

园路

钟楼——古树

柳青湖碧

花镜

休闲廊架

柳岸古榕

通湖阶梯

171

汀步园路

园路铺装

卵石驳岸

2. 设计中要解决的问题

正确处理小区绿化与周边环境的关系，引进外来物种，增加小区植物的多样性，植物设计时采用外来物种与当地物种相结合，常绿与落叶植物相搭配，同时注重各季节中植物色彩的变化，增加不同季节整个园林景观的表现力，让居民在不同季节感受到景观的变化性。

3. 园林景观工程施工要点与难点

（1）道路铺装及小品施工质量要求严格，做工复杂，要求精细化。铺装的平整度要求高，各种材料对接处理到位、协调、美观。

（2）水景层次较多，富于变化，细部处理到位，整体自然和谐。

（3）园林小品造型多样性，配套设施齐全，施工质量要求较高。

（4）园林植物选用130多种，引进外来适合当地生长的植物较多，提高了小区植物的多样性，弥补了当地植物不足的缺陷，丰富了当地树种。

广场花坛景观灯

水洗石回旋路

隔岸看花

溪水潺潺

欧式凉亭

植物与景石

175

工艺高超。独具匠心的卵石、石米图案拼贴，乱形饰面、砂岩图案的巧妙铺贴与收口，别具一格的木质花架与平台的安装等多种工艺都在本工程中发挥得淋漓尽致，受到业内外人士好评。

敢于开拓，勇于创新：施工过程中大胆采用新技术、新工艺、新材料。如园建饰面采用最新的背面防泛碱技术；苗木采用"定点、定线、定位"三定的施工技术等；还采用了ABT-3生根粉，施用新型高效缓施肥等新工艺；新材料方面使用了地膜。

本项目园林配套设施均得到了合理的利用。园林建筑布置错落有致，外观优美，特别是毛石景墙、特色水景、特色卵石图案铺装，成了该工程的一大设计、施工特色，加上绿化植物配置合理、生长旺盛，每一个细节都处理得当，充分发挥了很好的园林景观效果。

喷泉

入口跌水

阶梯式泳池

会所前的大型跌水

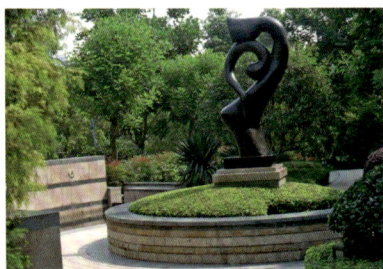

艺术人生

春意盎然

枫红柳绿

绿意盎然

精致小品

欧式屋顶花园

山地台阶及景墙

跌水景墙

本项目获得2010年度中国风景园林学会"优秀园林绿化工程奖"金奖。

单位名称：广州华苑园艺有限公司

通信地址：广州市越秀区中山一路34号之三

邮　　编：510600

电　　话：020-87677766

传　　真：020-87679998

深圳深国投水榭山庄一期绿化工程

吴伟生　　麦瑞娟

深圳市水榭山庄一期园林绿化工程位于深圳市宝安区民乐路以北、外环南路以西，北面是羊台山脉、南面是银湖山脉、西面是塘朗山脉、东临牛嘴水库，三面环山，一面环水。水榭山庄总占地面积14.3万㎡，建筑面积约13万㎡，低容积率，绿化覆盖率约49%。为深圳市别墅高档社区。

一、科学的优化设计

对本项目的优化设计方向主要是在保持原设计方案整体风格不变的前提下，根据现场地形地貌以及建筑风格做进一步调整，使之更趋于合理化和科学化，在丰富植物景观层次的同时也提高了项目的品质和核心价值。

1. 塑造地形

首先对种植区域内的垃圾进行清理，然后对设计地面30cm深度以上的土地进行平整；严格按照设计施工图纸控制微地形坡面成形的高度。

2. 道路绿化

主要指项目的主干道和次干道等。按照设计结合土建周边环境的实际情况，采用多层次、多结构的景观绿化模式，美化的同时还可以降低噪声并且增强对汽车尾气的抵抗能力。以香樟为基调树种，配以黄槐、白兰；中层黄金香柳和大叶伞自然搭配；下层配以红色系的大红花及勒杜鹃。常绿与落叶相互搭配，在保证全年绿波掩映的同时，四季花期变换，丰富多彩、简洁大方。

3. 庭园绿化

庭园绿化空间是居民主要的室外活动空间，我们遵循"以人为本，以绿为主，尊重自然，特色突出"的原则，营造出幽静、舒适的环境，使绿化景观与建筑设计相协调，让植物不再是花边配角，而是整个庭园的主题。

园路两旁层次丰富和生态的绿化大道

水榭山庄主入口

绿色屏风和建筑融为一体

181

三、项目亮点

1. 植物三维空间的巧妙利用

由于小区面积有限，为了提高人与自然的空间和谐，强调人在房间内外都可以欣赏大自然美景，人在绿地之间透视及借景，在植物配置上注意上层乔木、中层小乔木和灌木、下层花灌木与地被的高低错落、层次分明、季节色彩变化，营造出了丰富的植物景观，人行其间，步移景异，风光宜人，给人以美的享受。

2. 充分发挥"立体绿化"节约土地资源的作用

进行垂直绿化，在围墙种植红花勒杜鹃、紫花马缨丹、使君子等，增加绿化量，提高绿化率，改善小区俯瞰景观，提高小区花园绿化综合效益。

水榭山庄一期园林绿化工程的最大特点是地形变化多，高差大，土地资源十分宝贵。根据现场的地形地

整洁、美观的园路和茂密的地被植物相映成趣

孤植成景

貌，我们做到见缝插绿，资源充分整合使用，实现所有可绿化用地的充分美化；科学配置植物，植物造景，生态优先；植物三维空间的巧妙使用，布局配置合理，呈现最佳的空间景观效果。

目前，本项目园林景观已开放投入使用，园林景观达到了"看到的比想象的更美"的效果，并且达到预期的生态、社会和经济效益，整体景观效果显著，得到投资方、业主和社会各界人士的高度评价。

本项目获得2010年度中国风景园林学会"优秀园林绿化工程奖"金奖。

组团种植的小叶榄仁

单位名称：深圳市四季青园林花卉有限公司
通信地址：深圳市罗湖区上步北路 2006 号
邮　　编：518029
电　　话：0755-82439957
传　　真：0755-82439955

厦门海峡国际社区水晶公寓室外景观工程

翁跃木

棕榈大道

郁郁葱葱

厦门海峡国际社区位于厦门市东海岸环岛路上，国际会展中心旁。社区绿化率高达80%，休闲浪漫的社区景观包含露天棕榈广场、棕榈大道、入口凉亭水景及中庭园林景观。

"水晶公寓"社区环境以棕榈植物为主景，中庭景观结合微地形处理，配置乔、灌、草多层次植物，创造立体生态景观。社区道路采用人车分流的形式，园林以各种动静态的水景为媒介，形成一连串的功能景观空间。其形体构成独具韵味，园林材料质朴无华，比例尺度亲切宜人，处处体现出造园者对人性的尊重。

社区露天棕榈广场以简洁大方、动静结合为设计理念，采用大面积天然花岗岩材料，构成流畅、自由的铺地图案。主题雕塑、灯饰、喷泉水景等造型独特，两列中东海枣成弧形种植两旁，与小区前的建筑形态交相辉映，配以周围色彩艳丽的鲜花，热情、浪漫的夏威夷滨海度假风情园林就此拉开序幕。

花坛广场

步入社区,夏威夷滨海度假风情园林得到进一步升华,棕榈大道列植4排高达8m的华盛顿棕和10m高的伊拉克蜜枣,雄伟高大,气势不凡,让你无限震撼。在棕榈大道中间是一座木构凉亭,配以景墙,并巧妙利用台阶地形在中间设置了台阶式跌水,流水缓缓而下,汇入池中。跌水两侧置有树池,浓密翠绿的芭蕉、繁花炙烈的三角梅和各种颜色的地被、花卉相映成趣,构成了小区干道热情奔放的景观画面。

社区园林的中庭部分延续了以植物造景的主题,结合微地形处理,配置乔、灌、草多层次植物,创造立体生态景观。在中庭部分的总体布局中以园路进行区域空间的划分,增加园林内部环境气氛的曲折变化,通过不同形态、高矮的植物组合,形成疏密有致的植物群落来分隔竖向空间,不同部位产生不同的景观效果,避免一览无余,不同景观之间相互呼应、相互因借,使中庭取得小中见大、大中见小的对比效果,创造出更美的景色画面和更多的游览情趣,步行其间,让你放松、安详。

丛绿缀红

乐园小景

色彩交响曲

景亭小憩

绿意扶疏一抹红

幸福港湾的方向

弯弯曲曲路 层层叠叠翠

工程特点

1. 院深庭广，动静有别。整个小区布局吸取了中国传统建筑的布局精神，以院落为基本单位组成南北两个组团。整体空间格局为"五院一庭一中心"。两个组团在平面上错位形成的空间成为了整个小区的"庭"，并且在错位处形成了一个中心广场，这"庭"和建筑围合成的三个活动院落及两个绿化院落相互穿插、相互渗透。庭增加了院之深，院则增加了庭之广。另外活动院落结合住宅底层架空空间布置和住宅出入口紧密结合，充分考虑了人的活动方式。活动院落和绿化院落交错布置，动静分离很好地满足了住户的活动与休闲需要，并且活动院落布置在地下室顶板上，减轻了结构荷载，而绿化院落下面不设地下室便于种植高大乔木，从而使得绿化富有层次。

水系一角

休闲步道

溪流景石

印章铭雕

空间布局

绿化一角

雕塑小品

2. 亭台楼榭，一廊情深。庭院的组合营造了良好的大空间，按照人的活动规律有节奏地布置亭、台、楼、榭，使得这大空间生动活泼了起来。建筑底层适当的架空和亭台水榭呼应，架空的灰空间又形成会所，并成为大家共同交流的大客厅，这些元素被廊子串成了整体，廊子既界定着庭院、又使得院落多了层次而更显深远。游于廊中，憩于亭上，俯仰于楼榭间，足矣。

3. 池塘草坡，闲情野趣。东邻铁路是个很不利的因素，总平面布局上尽量向西退让，另外又在小区东部后退区域设计了高约3m，宽约13m的土坡，坡上密植乔、灌木，作为隔离噪音的绿色屏障，这和小区内设置的水景形成了"水满池塘草满坡"的情趣。

4. 乔、灌、草卉，参差多姿。小区绿化结合沿河退让绿化带和东面噪音隔离护坡形成了绿化主体，加之两个绿化院落的渗透和部分覆土绿化，整个小区乔木、灌木和草本花卉互相搭配形成多层次的立体绿化。香樟、桂花、杜英等杭州有代表性树种更加深了人文气息。

191

杭州西兴园林工程有限公司

绿地内景石

林间小径

主园路

林荫路

本项目获得2010年度中国风景园林学会"优秀园林绿化工程奖"金奖。

单位名称：杭州西兴园林工程有限公司
通信地址：浙江省杭州市滨江区江南大道518#
　　　　　兴耀大厦812室
邮　　编：310052
电　　话：0571-86689667
传　　真：0571-86689660

深圳星河·丹堤展示区、入口道路及样板房绿化工程

郑媛茹   杨清梅

本项目总用地面积约20万m²，总建筑面积约50万m²。地势北低南高，地处深圳市福田与宝安区交界的梅林二线关口，西面与梅林边检站相邻，北面为宝安区龙华镇民乐村，东面与南面均为连绵起伏的自然山峦，东部为一自然形成的冲沟，南坪快速路成弧形从小区南侧通过，而整个项目则环绕着9万m²的丰泽湖水库，可谓依山傍水，得天独厚，是深圳市唯一一处具有自然山脉和自然湖泊两重资源优势的大型商品房住宅区。另交通发达，小区用地的西南即是南坪与梅观立交。

漫步园中，看那丰泽湖湖水荡漾，波光潋滟，又见人工造就的园林与天然的湖水交辉相映，融为一体。缓步其间，只觉垂柳飘拂，草香阵阵。几分清静，几丝凉意，几许悠闲，几许惬意。丰富的湖岸景观，将乔木、灌木及湿地植物等林层相互交融，使水、土、木三种自然元素完美自然地结合。

入口道路

鸟瞰全景

硬质与软景互衬

园路绿化

地被植物

道路绿化

交通岛植物配置

水岸别墅

水景周边植物配置

施工过程中，充分利用现有山、水资源，精心处理，营造出了贴近原生态的自然景观。大面积的湖面，水草妖娆的湖湾湿地，种满丰富花灌木的沟谷和那山坡上的高挺植株，将那苍郁的景致充分展现。根据设计方案，将植物的观赏特性充分利用。高大挺拔的乔木作为林缘的边际线随山形起伏变化；名花贵木深居庭院，常绿大规格乔木及开花乔木夹道成阴，紫薇和鸡蛋花小道引路，古榕、榆树及五味子铁冬青、洋蒲桃、菠萝蜜枝繁叶茂，古朴荫浓，累累硕果让人感觉丰收的希望。节节高升，枝叶舒展的细叶榄仁，风吹枝曳，斑斓日光倾泻一地，让人心旷神怡。真正是虽由人作，宛自天开，湖岛人居、生态宜人。

本工程在施工过程中，充分利用现有的活水和山体资源，结合多种新技术、新工艺、新设备等，精心处理，科学管理，营造出了原生态的自然景观，更完美地表达出整个项目的设计效果。

栈道两侧绿化

跌水

入口扶梯与植物配置

木栈道两侧绿化

水景周边植物配置

新技术、新工艺

为了优质高效、按期完成施工任务，我们组建了项目部，配备了大量的专业技术人员和各专业施工人员，精心组织，协调施工。大树移植新技术、新工艺，本项目利用土壤透气、防腐促根、蒸腾抑制、营养液滴注、树冠微雾增湿、基质混配及保水保肥等技术的综合运用。利用多孔管和生物胶质腐殖质肥向地下科学注水、施肥、补氧及排水，蒸腾抑制技术和树冠微雾技术将解决树木移植过程及移植后养护中的水分平衡，使移栽树木尽快恢复生长，立地成景。

根据不同大树的树种特性，运用植物生理、生物化学、园艺等多学科的最新科研成果，因树、因时、因地制宜制定保活技术措施，可大幅度提高成活率，并可大幅度降低移栽成本。本项目在大树移植过程中运用了免剪移植的保活技术，旨在保证移植成活的前提下，最大限度地保留其原有枝叶和根系，促使植株在移植后，尽早恢复水肥代谢的平衡，植株长势和树形景观迅速恢复，提高整体的绿化景观质量。

本工程在项目部的精心组织下，经与业主充分沟通，理解设计意图，施工中各部门配合，精心选苗，把好质量关，按量按时高质完成项目施工，取得了理想的绿化效果。

山体复绿

本项目获得2010年度中国风景园林学会"优秀园林绿化工程奖"金奖。

单位名称：深圳市铁汉生态环境股份有限公司
通信地址：深圳市福田区车公庙天祥大厦 4D
邮　　编：518040
电　　话：0755-82927368
传　　真：0755-82927550

湖南中隆国际·御玺景观工程

北门入口跌水喷泉景观

大树移植

离开了建筑我们的下一站是景观。中隆国际·御玺60%的绿化率，让居住成为一次时光的旅行。

中隆国际·御玺项目位于长沙市雨花区体育新城板块。小区座拥3000亩的国家标准运动场地，背靠600亩森林公园，周边学校、医院、超市等配套资源齐全，城市地铁、武广高速新客站、长株潭轻轨使得这里路网发达。御玺项目借助良好的区域优势，着力打造"国际化的高尚社区"，营造大气、优雅、温馨的居家氛围。10万m²的绿化空间，7000m²的中心湖，四季分明的植物景观，处处洋溢着高雅、尊贵的生活品质。

园林，不是景，而是自然。广州市绿化公司尊重场地，尊重设计，尊重业主的要求。在中隆国际·御玺社区园林的缔造过程中，有意创造场地高差，形成自然的起伏；精心配置绿化，营造生态的自然。不管在哪里，无边的绿意，总是如影随形，透露出有诗意的栖居生态环境。

整个小区外围主要由起伏的地形、曲折的流水溪涧、层次错落的绿化屏障组成，使小区与周边相隔离，减少了外界的干扰。为此，在苗木的配置上，使用木荷、栾树、樟树等大乔木为高层次；乐昌含笑、杜英、柚子等乔木为中层次；杨梅、桂花、黄杨、花石榴林等灌木为低层次；在灌木下种植色彩丰富、四季常青的地被植物及草皮。整体上从外向内望去，色彩丰富，植物高低错落，丰富的天际线在建筑背景下此起彼伏。

灯柱广场

北门跌水景观

人工湖周边景观

石铺小径

来到南门，抬头仰望，两棵胸径60cm的大栾树对称而立，为南门洒下了一片树阴，也成为南门的标志之一。通过岗亭，走进小区的第一眼，在中轴线上一株冠幅约10m的大桂花树，让人回到了童年，树下跳跃的喷泉就像在玩耍的小孩充满活力。走过大桂花树，听着溪水的流淌声，寻源而去，溪边的柳树、桃树，溪里的再力花、芦苇、水面上的睡莲迎风和着溪水一起流淌。向前，在枝条摇摆中留下的空隙里，有一座小桥，站在小桥上，跌水的声音从不远的地方传来，探声而去，在一片树林下，水独自从跌水石山上倾泻而下。

走完了3#车库，从3#楼的西边来到2#车库，与3#车库不一样的是这里的水显得比较安静，在水生植物的陪衬下，尤为自然、生动。越过一片疏林草地，向右踏阶而上，在竹林中，在大树下，钢、木结构的景观亭与之融为一体，坐在亭中的凳子上，凉风习习，享受着幽雅的居家生活。

向东望去，透过圆形亲水平台上的树木叶间，越过湖面，对岸浓密的绿色中泛出红色。

198

景亭

太阳能草坪灯

绿色树池

起身漫步林间，不知不觉到了1#车库，水依然安静，只是不时有几声鸟叫，显得尤为安静。西行进到水榭，扶着护栏向下看，一朵一朵的荷花似乎在欢迎我们的到来，对面的观景平台和我们相对，似乎谁都离不开谁。拾级往西，走过一片草地，一股熟悉的声音越来越大，原来是景墙的喷水在树木的掩映下独自狂欢。

走完1#车库，前面还有路，一直向北，到了北门有一棵与南门一样的大桂花树，有一处与南门一样的跌水，南北相互呼应。不同的是门的两边，南门是规则式的跌水，显得庄重，而北门则是黄蜡石堆砌的落水石山，多了一分野趣。

水中树池

4#、5#、6#车库则主要由大树、缓坡、草地组成，漫步其中，让人心情舒畅。经过4#、5#、6#车库后，又回到了南门，看到熟悉的大桂花树，听到熟悉的水声。

在这里，可以与绿色共同呼吸，满心满眼都是苍翠。留下的不是感叹，而是感动。感动这整个小区的布局细致而不失大气、优雅。

尊重设计而不盲从设计。为了达到尽量完美的效果，广州市绿化公司在部分重要位置采用全冠移植新技术移种了部分大乔木，效果即现。如北门的石楠，私人会所旁的少花桂、杨梅。特别是南北门各一棵大桂花树，高7~8m，冠幅10m，完完整整地迁移过来，且长势一直非常良好。还推介了部分野生园林树种进入园区，效果显著。比如北门的红果冬青、种于路的交叉口成为障景树并种于丛林中而形成上层林冠的木荷。在植物的配置上和设计的基础上，调整层次、增加色彩，常绿和落叶树种的搭配。比如北门跌水墙树池上的银杏向后移，在树池上种上树型漂亮的桂花，既增加了层次，又使冬天不缺少绿色；比如在中心湖亲水平台的对岸增加红花檵木、紫叶李、金心黄杨等色叶植物丰富色彩。除了植物的配置上精心调整外，建议取消北门两侧的挡土墙，使用绿化，自然坡地衔接，排除了挡土墙造成的生硬。建议取消了南门主入口的圆形跌水，更改成大桂花树池喷泉景观，并把原圆形跌水的四只天鹅放入后面的溪涧的大水面处，与再力花配合在一起，神态栩栩如生，更显大气、富有生机。

走完整个小区犹如完成一次绿色旅行。60%的绿化率，这在长沙城里少见的大尺度景观中，坡地起伏的层次感，让生活更具"大宅想象"——用某位购房人士的话说，"我找了几年的房子，终于找到了一处如此舒适、惬意的地方"。

新技术、新工艺、新材料以及资源综合利用

1. 新技术、新工艺、新材料的运用

（1）大树全冠移植技术在此项目中运用。在小区的重要位置，采用了全冠移植新技术移种了部分大乔木，效果即现，如桂花、石楠、木荷、飞鹅槔、杨梅、银杏、朴树等。特别是南北门各一棵大桂花，高七八米，冠幅达到12m，完完整整地迁移过来，且长势一直非常良好，成为中隆国际标志性树。

（2）积极采用乡土树种，适当应用野生植物品种。在中隆国际的植物配置上，不仅大力推广乡土树种如广玉兰、山杜英、桂花、红叶李、红枫、红花檵木等，其中的彩叶树种很好地突出了园林绿化的地方特色，丰富了四季景观。另外将一般生长在山中的野生植物品种，比如北门的红果冬青、种于路的交叉口成为障景树及种于丛林中而形成上层林冠的木荷大胆地运用到小区景观中来。这种大胆的设计手法，揭开了大型高级社区绿化设计的新篇章，使整个小区景观更加生态自然。其意义还在于响应了创建节约型园林景观的号召，便于保养维护，在有效节约水资源方面起到了很大的作用。

（3）人工湖及溪涧采用植物和菌类的物种配置使水体自然生态净化，避免使用化学药剂或者物理处理的方法危害水质，保证社区内自然环境的亲和性。在人工湖源头营造人工湿地景观，根据现有的地形特征，改变了湿地的传统形态，通过科学的设计和改造，结合环境工程中的一些技术，因地制宜的选择合适的、当地的水生植物，如聚藻、棱鱼草、水葱、水菖蒲、再力花、花叶芦苇、灯心草、紫芋、竹节草、睡莲、荷花等进行湿地建设，并通过人工参与合理布局、配水，提高了其对污染的控制能力。

（4）树皮的回收利用。在养护工作中，针对中隆国际工地土壤容易板结、通气性及排水性差的特点，我们回收本来要废弃的树皮，覆盖在树穴周围，一方面有效地解决了土壤容易板结的问题，另一方面遮盖住了树头裸露的泥土。同时在平时的园林维护中，我们将草坪修剪下来的草，经过腐熟，结合有机肥重新回填到绿地中，不但有效地改良了土壤，还减少了的大量垃圾的产生。

2. 资源综合利用

（1）收集、利用各种水资源，避免了水资源的浪费。在整个小区设计中，将所有的地表排水（包括绿化浇灌用水、雨水）全部收集到人工湖中，使得水资源可以得到重复利用，避免了无谓的浪费。

（2）小区的部分灯具采用太阳能节能灯具，有效降低了后期维护成本，体现了生态环保的理念。小区的草坪灯采用绿色环保的太阳能节能灯具，其安全无隐患、节能无消耗、绿色环保、安装简便、自动控制免维护等固有的特性为中隆塑造高尚生态社区添加了重要的一笔。

本项目获得2010年度中国风景园林学会"优秀园林绿化工程奖"金奖。

单位名称：广州市绿化公司

通信地址：广东省广州市东风西路159号5楼

邮　　编：510170

电　　话：020-81361980

传　　真：020-81361458

溪涧野趣

自然卵石植草小径

三亚东和·海南三亚陵水土福湾项目一期北区环境绿化工程

北侧入口外观全景

一、工程概况

东和·海南三亚陵水土福湾项目一期北区环境绿化工程为一处高档休闲度假别墅小区的园林景观工程，位于海南省陵水县南部海滨土福湾，总面积6.4万m²，其中第一期绿化面积3.3万m²，水体面积为4000m²。主要施工组成有西北入口喷泉景观区、别墅巷道生态景观区、溪涧休闲景观区、围墙过度景观区、消防通道及其周边绿化景观工程等。所含园林景观要素极为丰富，有园路巷道、人工湖景、亭台廊架、景墙小桥等。

二、景观特点

1. 注重细部、突出"圣塔芭芭拉风情"

景观设计中处处以人为本，对细节精雕细刻，融合中西文化和古今园林的手法，使园区既有宛如天工的自然景观，也有栩栩如生、精致灵动的人工景观。从铺装、雕塑小品、设施小品、材料、植物配置等方面都能融合圣塔芭芭拉风情文化，繁花似锦，别具东南亚特色，创造出美轮美奂的景观效果。

2. 人工景观和自然景观的结合

设计中大量运用传统手法和自然材料进行造景。园区的中心自然水系和人工水景巧妙融合，营造了不同的景观效果和空间环境。园区中根据不同环境、私密与开放过渡空间等运用了植物、小品、景墙、自然置石与彩木林混植等技法，充分体现了人工景观和自然景观的有机结合。

道路绿化

入口景观大道

3. 源于自然，注重自然与人本关系的营造

以生态自然为根本，尊重自然，保护利用原有自然资源的前提下进行再创造，营造出不同功能、不同特性的主题空间，再现东南亚风情。

4. 独一无二的水文化景观，人工水景与自然水景融合

水系景观是营造整个楼盘景观的灵魂，力图再现传统精髓和幽静意境。景观水系由北向南，在中心景观带形成一条贯穿于整个小区的水系，充分展现"曲径通幽"的意境。

5. 三重景观体系构筑景观社区（入口空间、开放空间、私密空间）

每个功能空间自然过渡，既能相互共享自然景观又能很好的保证每个组团内的私密性。小区和外界空间通过围墙、挡墙和丰富的植栽有效地分隔，更好地与周围自然环境相结合。东侧靠景观大道和西面沿世知酒店一

水吧绿化一角

木平台全景

中心小广场

侧则利用围墙和密植乔木将周边不利的环境阻隔开；全园设计施工都充分考虑了入口空间的标志性、导向性、安全性等功能，同时巧妙利用植栽、水景、雕塑、小品等景观元素深入刻画园区的东南亚景观风格，营造出自然舒适、健康安全、品位高尚的景观气氛。

6. 道路系统的设置特色

在充分研究了小区现有建筑规划和平面分布后，贯彻以人为本的思想，从交通、消防等多个方面精心考虑，主要道路系统与建筑密切配合，明晰了然，将各大分区通达顺畅地紧密联系在一起，在人流主要交汇处均设有较大面积的活动空间，体现了良好的疏通性和引导性。次要道路系统不拘一格，形式多样化，沿路设置别有情趣的坐凳、雕塑和小品。所有道路系统两旁均合理设置异域风情浓郁的指示牌和路灯，在充分发挥其功能性的同时亦强化着主题，为小区增色添彩。

在铺地材料上，尽量选用具有圣塔芭芭拉风格的材料，如橘黄或陶红色的陶砖；荔枝面或自然面的暖色系花岗石；取自于当地的火山岩等材料；既体现自然、和谐又独具风情特色。

会所区

溪涧源头

木栈曲桥

7. 生态植物的配置

在植物配置上遵循适地适树的原则，并充分考虑与建筑风格的吻合，兼顾多样性和季节性，进行多层次、多品种搭配，分别组合成特色各异的群落。整体上有疏有密，有高有低，有主有次。细部力求在色彩变化和空间组织上完美结合。强调季节的变化，种植层次丰富，品种多样的花草树木，形成可观、可游、可憩的风景园林。运用木棉树、凤凰木、棕榈、橡皮树、高山榕、小叶榄仁、假萍婆、椰子、竹子、旅人蕉等多种常绿、落叶树混植丰富道路景观，柔化建筑，使道路四季有景，赏心悦目。小区外围绿化具有阻隔外人、消除废气、降低噪声，营造区内景色的多重作用。做到依据建筑物对每一株植物的精心布置。同时，多采用不同的树种，以达丰富空间，尽量提高绿化率，使得在小区内行走各处均能看到自然的树木和花卉。园区的水系景观中配置丰富多彩的水生植物，园区中布置了形式多样的盆栽花钵。透过有高密度的植栽区域与空旷的草坪区域的空间变化，使人感受到"曲径通幽"的氛围。

溪涧第一湖区 　　　　溪涧第二湖区 　　　　纵巷凉亭

三、施工的难点及新技术的运用

　　1. 由于项目定位高，工期短，交叉施工严重，更经历了海南的台风季节天气，所以施工中对施工工序组织、材料组织及机械劳动力的组织就显得尤为重要。施工单位调用精英力量，充分做好施工组织方案，合理调配劳动力以及材料组织统筹，确保工期，也确保工程的顺利进行。由于一些材料无法在海南当地采购，施工单位采用在广东订货，加工镶嵌，并打包装车运送到施工现场进行安装的方法。特别是很多假植的苗木也是以长途保鲜的方法运载到海南施工现场进行种植的，虽然这样使工程增加了一定的成本，也加大了难度，我公司仍严谨履行"树品牌、做精品、创效益"的企业理念，克服困难以确保工程如期按质按量完成。

　　2. 本工程溪涧源头生态岛的绿化施工正值炎夏，天气炎热高温，生态岛上种植的一批大规格的细叶榄仁死亡了几棵。由于生态岛四周环水，且完工后大型吊机已无法有效接近生态岛，造成该批死亡苗木的更换种植施工难度很大。考虑到溪涧区园林景观的生态主题，施工单位提出解决方案，经监理、设计及业主单位同意，决定不对该批死亡苗木进行更换种植，而是在每棵死亡的细叶榄仁下面种植多棵使君子藤植物，目前使君子藤已有效地缠绕覆盖死亡的苗木。这样处理更好地强化了项目的生态主题，也简易有效地解决了施工难题，降低成本，节约资源。

四、项目亮点

　　本工程的自然生态理念一直贯穿其中，在体现尊重自然的同时，不仅仅是改造自然，而是追求人造环境与自然环境的密切结合，相互辉映，相得益彰地再现自

水景植物配置

然。为现代人营造一个多样化以人为本的生活环境，提供一个丰富多彩、赏心悦目的绿色社区空间，吸引各种不同购房群体，从而达到让入住者在一个自然的、休闲的、多元的、丰富的、人性化的宜居社区景观环境中快乐生活。

本项目获得2010年度中国风景园林学会"优秀园林绿化工程奖"金奖。

单位名称：中外园林建设有限公司

通信地址：北京市西城区阜外大街 11 号
　　　　　国宾写字楼 605 室

邮　　编：100037

电　　话：010-68005566

传　　真：010-68001307

无锡蠡湖尚郡金石路地块景观工程

入口水景

水岸一角

蠡湖尚郡的特别之处就在于它的细节，在这里处处都能反映棕榈人的独具匠心，整个项目就是一个精品。"之前我们悬着的心总算有个着落了。"负责该项目的华东事业部第一总监部总监黎润华和项目经理刘成胜由衷地感慨。因为公司与该项目发展商是第一次合作，甲方表现出高度的信赖，在绿化造价上不设底线，这不仅给予了我公司强大的动力也是巨大的挑战。在此种合作模式下，我公司唯有通过赋予项目高品质来取胜。

在施工过程中，该项目完全符合国家和行业施工技术规范及有关技术标准要求，达到国内同类型工程先进水平，并采用了一系列的新工艺、新材料、新技术。

1. 做好深化设计，注重体现人性化、生态化的主题，将亚热带园林风格与江南园林特色完美结合。"以乡土树种为主，适度引进耐寒棕榈科植物及外地适生植物"，为了营造浓烈的异域特色，在园区里种植了亚热带树种包括布迪椰子、加那列海枣。

2. 运用防腐防潮技术，延长木作及构筑物的使用寿命。

3. 运用石材防护技术。

小区入口

入口休闲区

组团入口

园间小路

石雕小品与龙枣的配置——龙凤呈祥

艺术园雕与小区空间布局

溪流通幽

4. 专业的养护技术。加强水分管理，提高苗木成活率，为移植初期的苗木提供了水分补充及良好的小气候；同时贯彻了预防为主，综合防治的措施，蠡湖尚郡项目未发生严重的病虫害。

该景观工程交付使用后，经过一段时间的养护管理，没有发现任何质量问题和安全隐患，园林景观已达到可持续发展的要求，得到了业主的认可和赞赏及业内人士的好评。

本项目中遇到的主要困难就是要在只有十多米的楼间距内营造园林的各大要素，材料的进场在很大程度上需要人力的配合，而施工期又在梅雨季节，所以要综合各方因素开展工作。在与甲方的合作中，我公司采取"征求意见—施工—出效果—再征求意见—继续施工"的循环运作方式进行。在几个回合下来，甲方对现场景观效果非常满意。此外，在后期的养护环节，甲方的养护队伍也显示了其专业性，在双方的实践交流中提高了彼此的技术水平。

园路通道

一、雨水回收利用

在景观水池的施工过程中，所有的水都经过统一水处理中心进行集中处理，循环利用。因水池面积大，分布较广，加上珠海天气炎热，容易自然蒸发，存在水池水补给的问题。针对这种情况，我们在水池的周边设置了雨水回收沟，地表的雨水经由一定的坡度流入回收沟，再通过回收沟集中统一到水处理中心进行处理，最终统一补给到水池中。这样既解决了雨水的排水问题，同时也对水池的水源做了补给，达到节约资源的目的。

二、石材黏结剂及填缝剂的使用

在所有构筑物及水池石材铺贴的过程中，摒弃传统的水泥粘贴方法，而是采用最新材料——石材黏结剂和填缝剂。一方面有利于加强黏结力度，防止石材脱落；另一方面，采用填缝剂可防止石材反碱、流泪，有利于保持石材的表面整洁。

亲水木栈道

观景台

特色水景

入口小水景

水景喷泉

三、表面无钉木地板的安装

在所有的木地板安装的过程中，我们加大木地板龙骨的尺寸，采用镀锌角铁固定木龙骨。同时，在木地板下面安装小型角铁，采用下位固定法（即在木地板下方固定木地板与龙骨），有效避免螺丝钉容易在木地板裸露生锈、漏孔等的现象。充分保持木地板的完好性和美观性，达到与众不同的效果。

主干道

四、在植物的栽植过程中，使用新型材料

为提高植物的成活率，采用了"根动力"、"植物生根剂"、"施它活"等植物营养液。为防止植物病虫害，在种植时对树头、树坑都进行了消毒处理，采用"绿杀"、"绿福"等农药。同时在种植的过程中及时施肥。

本工程施工面积大、施工内容兼以水池、泳池、现代木廊架、木平台、地面铺装、烧烤乐园、台阶式花坛、绿化种植等为主，在各方面的努力与配合下得以顺利完工，取得了理想的效果。

游泳池

局部鸟瞰

园路铺装

酒店接待处门口广场绿化

地下车库入口——屋顶花园

私家花园室外按摩池

私家花园特色拱桥、石灯罩

私家花园泳池吹螺喷水雕像

泳池景观

施工中主要采用的新技术、新工艺

1. 采用密缝冰梅纹的大理石铺装形式，而且为了能适合车行的要求，大理石的平均厚度超过了5cm，对于冰梅纹的铺装形式是一个新的尝试。

2. 火山岩（玄武岩）石材的特色柱子，抗风化、耐腐蚀、经久耐用；古朴自然避免眩光，有益于改善视觉环境；可以满足当今时代人们在建筑装修上追求古朴自然、崇尚绿色环保的新时尚。

私家花园花池绿化

无边界泳池

泳池休闲草亭

拱桥

平桥

重檐八角亭

人工湖、假山：层峦叠嶂有古意、鬼斧神工巧作山；叠石泊岸：因势而置有真性，傍水而依固清流；

溪流：一泓碧波映晚霞，鱼出浅底而观花；跌水：一衣带水绕径行，辗转千回落泉声；亲水平台：凭桥观鱼戏，对迎千层山；

拱桥：飞虹架南北，不逊赵州桥；平桥：横卧清溪上，平如走马台；曲桥：九曲三弯依水过，白石化作玉锦带。

园林小品景石：千姿百态飞来笔，画龙点睛铸奇石；重檐八角亭：古韵今风追明清，飞檐朱色似玲珑；姐妹亭：本来金兰连一体，不因双椽分馨怡。

园路：曲径通幽无觅处，浓绿丛中寻踪来；汀步：苔痕上阶绿，草色入帘青。驱车有步道，幽径有石汀；景观灯：辉映自然，另成一景。

绿化配置：花镜：姹紫嫣红总是春，繁花似锦争芳芬；植物造景：形神兼备有新意，疏密相间好成荫；水生植物：入水三分自然景，影映成趣鱼水欢；各种绿化：收四时之烂漫，例千寻之耸翠。

该工程是我公司奉献给社会的一幅色彩斑斓的山水画，这对提高我们今后施工过程中的服务质量及业务水平将起到积极的推动作用。

人工湖

姐妹亭

景石

溪流

水生植物

植物造景

青石板路与花镜

绿化配置

本项目获得2010年度中国风景园林学会"优秀园林绿化工程奖"金奖。

单位名称：常州环艺园林绿化工程有限公司
通信地址：江苏省常州市西郊成章新街
邮　　编：213152
电　　话：0519-83782818
传　　真：0519-83781328

植物造景

景石

广州开发区主干道道路绿化升级工程

梁冠威　　卓观鹏

开泰大道先锋林

广州开发区主干道（科学大道、开泰大道、开创大道）道路绿化升级工程全长27km，科学大道全长5km，开创大道全长10km，开泰大道全长12km，是广州科学城交通干线路网中重要的骨干道路，是联系科学城和周边各城镇组团的重要干线，对科学城社会经济快速、协调发展起到强有力的促进作用。广州开发区主干道道路绿化升级工程的实施不仅能带给科学城巨大的经济效益，还有生态效益和社会效益。

在工程技术方面采取以下措施：由于本工程的苗木种植季节性要求较高，为确保大树成活率，根据各品种特性绿化种植穿插在各季进行，采取相应的季节种植措施。由于非种植季节气候环境相对恶劣，对种植植物本身的要求就更高，在选材上都挑选长势旺盛、植株健壮的苗，并且挑选根系发达，生长茁壮，无病虫害，规格及形态应符合设计要求且土球较大的容器苗。对大苗还进行施生根粉、浇注植物活力素、喷洒叶面蒸腾抑制剂、水雾喷洒树冠、对截枝伤口消毒、涂保护剂等技术处理。同时还对所有非乡土树种苗木采取用草绳、麻布、薄膜包裹，加强支撑等专项的防风防寒防暑措施。本工程胸径大于35cm的外省树种有1200多株，由于措施到位，成活率达97%以上，远高于一般的大树远程移植成活率。

开创大道改造后景观

科学大道中央绿化带

开泰大道人行道两侧绿化带

广州市中森园林绿化工程有限公司

开泰大道 LG 电子厂入口处

科学大道 600m 段园建点

林阴大道

广州市中森园林绿化工程有限公司

科学大道 600m 段左侧人行道

科学大道大斜坡中央绿化带

休闲公园一角

通往休闲公园的台阶

在工程质量保证和文明生产措施方面采取如下安排：① 组建了以公司总经理为指挥长、工程部经理任项目经理的项目部；② 严格执行针对本工程特点建立的质量保证体系和质量管理制度；③ 严格控制所使用的各种原材料、成品、半成品和构配件；④ 认真审核和执行有关技术文件、图纸、规范；⑤ 按规范进行各种检测，及时整理和分析检测数据，对照质量规范标准进行认定和整改；⑥ 强化各施工工序的质量管理和自检验收，及时进行质量纠偏；⑦ 以国家有关法规为原则，结合本标段工程的施工特点，制定出适合本工程的文明施工管理规定；对某些影响景观和环保的施工段进行必要的施工围蔽，对某些因赶工造成的污染及时消除；⑧ 坚持"质量与安全第一，预防为主"的方针，落实质量与安全生产责任制。交底工作不仅仅只针对施工管理人员，还要按照管理系统逐级进行，由上而下直到工人班组。本工程自开工到完工从未发生过一次交通事故和施工事故。

开泰大道 LG 电子厂入口处

科学大道中央绿化带

开泰大道人行道两侧绿化带

开创大道二号园建点一景

开创大道二号园建点植物造景

本项目获得2010年度中国风景园林学会"优秀园林绿化工程奖"金奖。

单位名称：广州市中森园林绿化工程有限公司

通信地址：广州市天河北林乐路中旅商务大厦
东塔 13 楼 AF 室

邮　　编：510610

电　　话：020-38811367

传　　真：020-38811367

上海嘉定新城中心区石岗门河道整治工程

嘉定新城中心区石岗门河道整治景观绿化工程位于嘉定新城核心区南侧，东至永盛路，南至希望路，西至依玛路，北至伊宁路，是嘉定区规划中"一湖、三潭、五塘、九池"中的一部分。

该工程的主要功能是一个集生态、展示、游览等多功能于一体的园林景观绿地，园中巧妙地运用了一些简洁的台阶式条石，构成一个临水的休憩场所，让游人既能感觉到自然与现代的对话、又满足了游人亲水、休息的需要。另外，该绿地特别注重自然景观的塑造，通过活动区域的划分及植物的合理配置让其自身维持一种生态环境。

该工程的施工内容包括绿化种植、土方造型、各类景墙、驳岸、跌水、喷泉、特色桥和各式生态园路等。绿化植物品种达100种以上，另外，该工程还运用了47种的地被植物和14种水生植物，大大丰富了整个绿地的景观效果。

透水园路

大苗木移植

树阵广场

绿竹池

阶梯式绿化

大乔木移植

孤植成景

人工湖

工程亮点

　　1. 嘉定新城中心区石岗门河道整治景观绿化工程的施工区域内有一棵胸径85cm以上的大香樟，该树形态优美，历史悠久。为了更好地表现大香樟景观效果，使它能作为整个绿地的一个亮点，并且做到排水良好，我们将大树周边的植物改换成绿色几何草坡，并缓缓伸向水面，并在周边运用了不规则形状的氧化钢板、砾石、花镜等，增强色差对比，给人以美的享受。同时又很好地确保了大香樟树形的完整性，并使该区域氛围宁静和谐。

　　2. 停车场的设计中运用了"绿色停车场"的设计手法，在车位间间隔种植了高大落叶乔木和修剪型灌木，达到了对空气的优化和场地降温的效果。

　　3. 该工程种植了大量的大苗，为了确保苗木的成活率，施工单位增设了盲沟、透气管、使用根部浇灌液，控制泥球直径和采取冬季保温措施，有效地确保了苗木的成活率，目前该工程苗木成活率达到98%以上。

　　4. 中央水池中加入了灯光元素丰富了夜间游人的观赏性。

　　5. 绿地中运用了透水混凝土路面的施工新技术，确保了路面具有良好的透水功能，在强度上也能达到设计要求。另外更重要的是实现了少维修，低养护，高生态的社会效益和经济效益。目前这一技术已经成为企业工法，并已通过上海市市级工法的验收。

　　另外，该绿地很重视安全措施。如：在临水处设警示牌。同时绿地内使用的景观灯、配电箱等电气安装工程均符合建筑电气工程施工质量验收规范。

亲水平台

水系一角

钢桥

花镜

跌水池

本项目获得2010年度中国风景园林学会"优秀园林绿化工程奖"金奖。

单位名称：上海市园林工程有限公司

通信地址：上海市广中路 668 号

邮　　编：200083

电　　话：021–56656931

传　　真：021–56656933

绿竹池夜景

碧波荡漾绿竹池

深圳水库排洪河水环境综合整治景观绿化工程

高国良　　李寿仁

瀑布

观景平台

水岸乔木组团

深圳水库排洪河位于深圳市罗湖区东部深圳水库坝下，为深圳河一级支流。水库排洪河的护岸建造于1985年12月，本次排洪河水环境综合整治景观绿化工程起点为东湖公园翻板闸消力池出口，终点至深圳河三汊河口，全长约2.5km。景观工程总面积为16.6万m²，绿化面积9.99万m²，工程内容包括：河岸护坡工程、景观园建工程、绿化种植工程、给水和电气工程、截污管及过河管道工程等。

河道边坡安装石笼，石笼上覆土绿化施工为新工艺。我公司将原材料的样品提交设计单位进行选择，确定后抽样送检，检验合格后，大量定购，投入施工（石笼基础→铺土工布→石笼安装→种植土回填→微地形塑造→铺种草皮→铺三维土工网固定）。经参建各方研究决定由设计单位提供技术参数，监理单位依据该技术参数编制验收流程，确保了工程顺利实施和验收。

景观绿化工程直立墙塑石工程是在其他相关工程都已完工的情况下才开始施工的，景观塑石为本工程难点：第一，塑石下面有截污管道，不能用机械，只能人工开挖基础；第二，为防止损坏截污管，塑石基础需要往外（水面）延伸，利用延伸的基础柱与墙边柱之间搭建一个悬空平台；第三，基础开挖在水下，又考虑到防洪水的冲击，所以挖土是湿土，碰到淤泥时还要打工字桩；第四，由于是在完成面施工，材料及淤泥的运输只能用人工抬挑；第五，为了防止对基础的破坏，对基础周围要做施工围堰；第六，直立墙有8~10m高，必须设置双排脚手架及安全挡板，挂安全网；第七，由于颜料在干以前不能淋水，必须用挡雨布盖住。

石阶与平台

直立墙塑石

253

人工湖

2+075 石笼挡

梯田式绿化布局

塑假山的程序复杂，需要的工种多，交叉施工现象频繁。其中铺设钢丝网造型骨架和塑彩色混凝土层是确保塑山效果的关键工序，必须根据设计形状呈现自然凹凸变化，需要大量人工不断进行优化调整。特别是彩色混凝土层，不同的部位材料配比不一样，且必须随拌随用，存放时间不宜超过1小时，塑一块假山有可能拌材料几百次。水泥初凝后开始养护，用麻袋、草帘等材料覆盖，每隔2~3小时洒水一次，养护期不少于7天，且不能连续施工。氧化铁矿物颜料层上色的手法有洒、弹、甩等，以达到不同的效果。专业水泥保护漆和防水剂的做法是在表面涂过氧化树脂或有机硅，重点部位进行打蜡，呈现光泽。

由于施工期间跨越冬季和夏季，对以绿化苗木种植为主的景观施工带来不利的影响，除了要落实反季节种植的保活措施外，还应加强日常的苗木养护，包括早晚需对树干和叶面进行喷雾，必要时添加生根剂、保水剂等，以提高绿化苗木成活率。

绿色驳岸

水草丛生

景观廊架

水岸一侧休息平台

跌瀑

跌水堰

岸绿水清映蓝天

别有洞天

东湖公园出水口

本项目获得2010年度中国风景园林学会"优秀园林绿化工程奖"金奖。

单位名称：杭州市园林绿化工程有限公司

通信地址：浙江省杭州市凯旋路226号省林业厅
　　　　　8楼821室

邮　　编：310020

电　　话：0571-86095666

传　　真：0571-86097350

绿意盎然

唐山市环城水系新开河、青龙河工程 C 标段

冯俊义　　温海娇

鸟瞰效果图

唐山市环城水系是唐山市重点打造的"提升城市品位，建设宜居、宜业、宜游城市"的一项惠民工程。它将唐山市区现有的陡河、青龙河及新开河，与南湖、东湖、青龙湖相连，形成长约57km的河河相连、河湖相通的水循环系统。

秦皇岛正和恒基装饰绿化有限公司承建了唐山市环城水系新开河、青龙河工程C标段——青龙湖项目。它是实现连接城市中心区与周边新兴组团的重要一环，是唐山新的公共中心规划中一片重要的公共绿地。

工程建设着重生态创意理念，致力于把它打造成凤凰新城重要的绿色屏障，赋予其积极灵动的性格，使其成为唐山环城水系中一个最亮的节点，凸显唐山城市门户之神韵。

清风徐来

水上漫步

空中栈道

畅游青龙湖

257

花架

园中亭廊

园中小景

粉墙黛瓦

二、施工重点

修缮后的三茅观景区是以典型的江南仿古民居布局方式组成的一组建筑，白墙黑瓦，建筑形式为单层单檐、木结构、小青瓦屋面、悬山或硬山坡顶。考虑到建筑物的外观立面色彩是决定建筑物整体景观效果的一个重要因素，经多次色板的选色比对、筛选，并在建筑物不同部位上作局部实样测试，经光照条件强弱不同变化的实际观察等一系列程序，反复多次的调整修色后确定了墙面以白色略现暗黄灰色的色泽；木构件则统一采用经自然光照雨淋的碳化色质感接近的栗壳色系，并且露木纹作哑光处理；整体反映出色泽古旧的沧桑效果，博得了建设、设计单位的一致好评。

院落空间及周边环境是与建筑相互协调的一个不可分割的有机整体，是建筑空间的衬托和延续，而地面铺装则是其体现的一个重要元素。为与三茅观、紫阳山及云居山等仿古民居建筑相匹配，与历史相吻合，尽可能体现古朴典雅的特色和建筑的深渊氛围，我公司对景区内采用的各类石材进行了多方实地踏看和选样，经设计、建设单位考察论证，确定选用纹理粗糙、色泽古旧、沧桑感强的旧青石板和高湖石料作为建筑物外墙面、挡墙、园路铺装用主材。砌筑时每块石材都经过挑选、归类、选面等多道工序，以带有天然纹理的、略有棱角的、色泽均匀的自然面作为看面，尽量减少人工雕凿的痕迹。

块石山墙

碑亭

古建筑一角

鸟瞰效果图

宁波慈城古县城清道观工程

陈 锋

清道观始建于唐天宝八年（749年），历经毁坏、重修和扩建，到民国时期，成为浙东第一大道观，但终废于"文革"。现在的建筑是根据北京故宫博物馆保存的照片、散落于民间的图片及"慈溪县志"等文字记载资料重建的。重修的清道观，充分体现了道家的哲学、文化、艺术、礼仪、信仰、修心之底蕴，结合了现代精神，成为古县城的重要组成部分。

一、时过境未迁　再现古观神韵

本工程采用中国传统穿斗式和抬梁式木结构，以明清建筑风格为主。在对原清道观的建筑格局及风格进行大量考证的基础上，恢复了山门、仪门、雷祖殿、东岳殿、东岳退居殿、戏台、玉皇殿、三清殿、关圣殿、十王殿等建筑。建筑质量及艺术水平皆达到了目前采用传统工艺及材料进行古建恢复重建的最高水准。

二、绿化多野趣　彰显道教风貌

绿化项目特色：保留了两棵千年古柏，它们见证了历史的旧颜新貌。在毫无植被系统的山体上，用人工造景的手法，重塑了自然山林景观和寺观园林氛围。

景观实施策略：利用适当的客土回填和场内土方平衡的方法，恢复山体自然形态；进行植被系统的重建，同时为丰富植物品种和使种植形式更加自然，体现山林野趣，大量种植了香樟、广玉兰、沙朴、枫香、无患子、乌桕等乡土植物；适当种植大树，在较短的时间内迅速达到预期的景观效果。

营造宗教文化氛围：长寿植物和宗教主题植物的使用，如龙柏、银杏、香樟、佛光树等；大树的运用，快速地营造了千年古观的园林氛围。

古朴的园路

入口牌楼青石制作，精细雕刻，气势宏伟

茂密丛林中拾阶而上，直抵仪门

利用山体自然石配景，和谐自然

石敢当，师法自然

时过境未迁，再现秀山与古观

济南大明湖闻韶驿与明湖居仿古建筑工程

杨良军　　董泰隆

结构主体——北立面

闻韶驿楼一角

西南角临水部分立面

古建一侧的绿植配置

　　本工程是大明湖景区重点建设项目之一，是一组具有传统建筑特色及现代使用功能的园林建筑，以曲艺演出活动为主，与品茶、听曲相融合，涵盖了曲艺文化艺术、茶文化艺术、书画雕刻艺术、民间手工制作艺术为一体的景观建筑群落。

　　本工程总建筑面积为7485m²；其中闻韶驿楼建筑面积为5343m²，明湖居建筑面积为2142m²。建筑立面采用传统的青砖、花岗石、灰色哑光琉璃瓦和白墙，色彩以褚石、灰、白为主，显得简洁、古朴。建筑外墙装饰采用能体现曲艺文化特点的"八音"乐器图形砖雕装饰墙面，与曲艺有关的灯饰、牌、匾等采用红绿色。屋面采用歇山、硬山、悬山、盝顶屋面相结合，相互穿插，高低错落。

　　本工程是传统艺术风格与现代建筑技术完美结合的体现，如主体结构采用混凝土结构，而装饰工程又充分体现古建韵味。

荷塘夏景

石桥

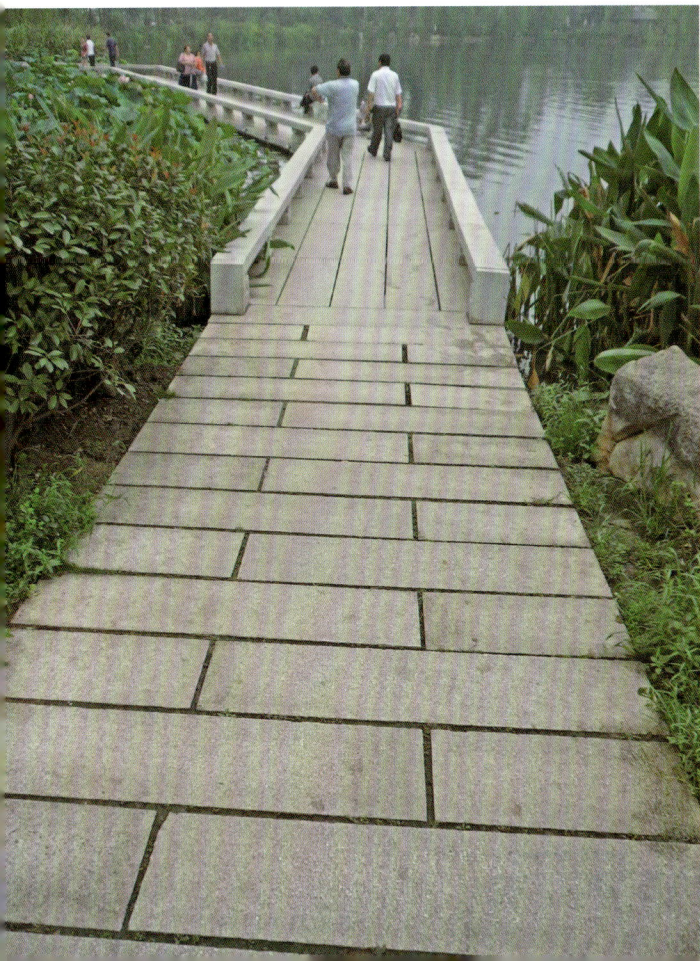

荷塘观柳

俗话说，人要衣装，佛要金装；作为仿古建筑的外装尤为重要，它能彰显古建特色，并能与周边环境相得益彰，和谐共鸣。而这外装得靠油漆、彩绘、粉饰、雕刻等工法来体现。彩绘施工，调用经验丰富、技艺高超的专业技画师进行施工，确保整体质量，达到美轮美奂的效果。为达到仿古逼真、色彩亮丽、图案精美、耐久而不褪色的效果，首选时下较流行的丙烯颜料来满足仿古建筑持久、耐用、亮丽、环保的要求。无论是基本打稿、填充基本色、润色、完稿、还是最后的交流修改，每一步均用心的制作，为项目提供最优质的古建彩绘作业；一笔一画，一草一木均严格要求，力求完美，让每一幅古建彩绘作品堪称经典。

在施工过程中，我公司积极应用新技术、新工艺和新材料，如采用：

1. 全站仪定位及激光测量技术；

2. 丙烯颜料在彩绘技术中的应用；

3. 新型建筑防水应用技术使建筑物外观精致准确、画感艳丽灵动、布局新颖别致，给人以清新、浓郁的古建韵味和浓重的曲艺文化底蕴。

翘角欲飞

明湖居

梁柱结点

雕梁画栋

明湖居一楼西侧走廊

铜雕

内装一角

本项目获得2010年度中国风景园林学会"优秀园林古建工程奖"金奖。

单位名称：浙江博大环境建设有限公司
通信地址：绍兴市中兴南路景都花园1号楼4楼
邮　　编：312000
电　　话：0575-88950686
传　　真：0575-88950688

威海市悦海公园绿化工程

徐晓芳

　　威海市悦海公园位于威海市中心区南部，呈带状分布，海岸线长达1505m，东西最宽处150m，总面积10.8hm²，绿化面积7.5万m²，建筑占地面积5000m²，绿地率75.9%。公园与刘公岛风景区隔海相望，是连接山与海的过渡带，是威海滨海景观带的重要组成部分。

　　在设计理念上悦海公园突出地域文化、休闲文化和海洋文化三大特色，强调人与自然的和谐共生。

　　在功能分区上，以胶东海草民居为主线，自北向南分为休闲运动区、主广场中心区、科普游憩区和水上巴士服务区四个功能区。在广场中心区结合礁石海岛设计了具有"归航家园"意义的灯塔。海草房屋顶铺设约1m厚的浅紫色海带草或者淡黄色稻草，墙身用不规则青石砌筑而成，屋顶与墙身形成强烈的色彩和材料的对比，呈现较强的韵律效果。

导游铭石

海草房

潮汐广场水景

太阳能休闲长廊

海草房——民居

风能

在新工艺应用上，公园休闲长廊安装了太阳能光伏电池板，安装了新型风光互补式路灯，通过风力、太阳能发电将风能、光能转化为电能。通过道路排水，设置边沟，将雨水集中收集，汇集到蓄水池内，将其作为景观用水和绿化用水的补充。采用环保新技术，对粪便实行气体化处理，将生活用水进行回收净化，作为绿化灌溉用水。在工程建设中还使用彩色透水地坪铺装，让雨水流入地下，减少峰值时段雨水管道的排放压力，有效补充了地下水。

在特色植物景观的营造上，根据植物的生态习性和海滨有海潮、海雾、土壤盐碱含量高等特点，大量选用抗海风、耐盐碱、抗逆性强的乡土树种，适当增加色叶树种和观果类树种，营造稳定、宽松、清新的自然环境。整体的园林绿化以黑松为基调树种，局部创造小地形，点缀景石或者雪松；落叶乔木主要有臭椿、板栗、榉树、法桐、白蜡等；花灌木主要为开花期比较长或者观赏性比较强的树种如紫薇、美人梅、樱花等；地被植物主要运用大量宿根花卉如萱草、鸢尾、景天、玉簪等。

建成后的悦海公园改善了威海滨海生态环境，延伸了城市空间，展现了胶东滨湖特色地域文化，为市民和游客提供了一个休息娱乐的活动场所。

休闲区

游乐场

花镜

灯塔与花坛

本项目获得2010年度中国风景园林学会"优秀园林绿化工程奖"银奖。

单位名称：威海绿苑园林工程有限公司

通信地址：山东省威海市公园路 13 号

邮　　编：264200

电　　话：0631-5223845

传　　真：0631-5208597

景石

芜湖滨江公园 A 段景观及绿化工程

成立新

公园入口铭牌

极具艺术特色的栈道

滨江公园A段景观及绿化工程位于安徽省芜湖市城区,西临长江,南边为青戈江,施工面积为1.57万m²。包括景观、绿化、水体三部分,是一个集防洪、景观、休闲、娱乐、住宅等多功能为一体的大型综合性基础设施项目。

此段工程施工的范围广,包括苗木栽植、道路铺装、钢结构、防腐木栈道等,景观中所涉及的各个方面在本工程中都有体现。对各项工程的施工工艺要求都很高。

绿化上的重点:苗木在种植施工前,需对其进行切根、转坨、疏枝整形、增施基肥等措施,以保证移植的成活率。同时通过主干保护、根部水分补充、喷雾、剪枝、创口消毒打蜡、植保等手段来培育增强植株对迁移的适应性和抗性,以及加强新发须根吸收功能,使所选的苗材在栽植以后不仅成活,并且一次成形,成为长势良好的"半成品",同时不忘在后期的养护中加强管护。

局部鸟瞰图

293

跌水景墙

潮汐蟹舞

防洪堤人行步道

小品

土建的重点

1. 花岗岩铺设前对基土层表面进行清理、平整，并根据基土情况作适当的碾压或夯实。

2. 碎石垫层摊铺的虚厚度按设计厚度乘以1.3~1.4的系数。按分层摊平的碎石，大小颗粒要均匀分布，厚度一致。压实前适当洒水使其表面保持湿润，采用机械碾压或人工夯实时，均不少于三遍。面层微小空隙以粒径为5~25mm细石子撒嵌缝后，不宜多压，以防止嵌缝料下漏，挤松碎石层，压至碎石表面平整、坚实，稳定不松动为止。

广场雕塑犹如亭亭玉女，翩翩起舞

栩栩如生的鲤鱼雕塑在和谐的色块中极具灵性

小桥流水

本项目获得2010年度中国风景园林学会"优秀园林绿化工程奖"银奖。

单位名称：杭州天开市政园林工程有限公司
通信地址：浙江省杭州市萧山区萧杭路54号
邮　　编：311203
电　　话：0571-82808679
传　　真：0571-82808667

石尺铁画

植物种植疏密有致，色彩搭配和谐，极具层次感

水系驳岸

规则式冰裂纹石园路铺装

透水铺装

加宽防火通道

挡墙景石与台阶的结点处理

本项目获得2010年度中国风景园林学会"优秀园林绿化工程奖"银奖。

单位名称：苏州园林发展股份有限公司

通信地址：苏州工业园区星海街198号
　　　　　星海大厦西座8座

邮　　编：215021

电　　话：0512-67621010

传　　真：0512-67623809

298

潍坊安顺广场三角绿地绿化工程

张　娟

安顺广场三角绿地绿化工程位于潍坊市奥体中心西侧，是一块由城市三条主干道围合而成的三角形地块，占地10.7hm²。作为奥体中心重要的配套景观，规划设计了五环雕塑、树阵景观、城市山林和水系叠瀑四大景区。工期紧，工程量大。主要施工内容包括地形塑造、绿化种植、铺装工程、水景工程、碳化木凉亭、景观墙等景观小品工程和给水、照明工程等。

一、地形塑造

该区域设计了绵延起伏的若干个山头，其中最高达9m。施工现场场地狭窄，所有土方均需外调。为保证工期，要求日土方量达到两万方以上，而市区白天又禁止调运土方的车辆通行，故只能采取在夜间有秩序调土的办法。白天合理地进行场地内的土方调运，堆积山头，同时为夜间调运来的土方提供场地。

二、树阵景观

此区域通过植物的行距、高低和色彩变化充分体现"更快、更高、更强"的奥林匹克精神。要突出这一特点，关键在于树种规格和树种质量的选择。施工时我们严把材料质量关，充分体现设计理念。同时采用生根剂和植物蒸腾抑制剂、打吊瓶的形式来确保大树成活率。

三、水系叠瀑

水系叠瀑采用自然土层池底、内部自循环和水生动植物相结合的处理方式，形成完整的生物自净化链条，既节约又环保。

跌水景观在施工时，由于跌水层较多，为达到更好的景观效果，保证工程质量，采用了砖、钢、木模板相结合的方法。

局部鸟瞰

广场雕塑

叠石

园中园

观景木亭

　　水系施工时，由于施工环境差，场地狭窄，池边局部地区的山体堆积成型的侧压力大，深基坑支护便尤为重要。

　　关于池壁做法，我们还提出了更合理的建议，并得到了甲方、监理和设计方同意，将踵墙由外侧施工变更为内侧施工。这样内侧踵墙受力条件更好，减少了边地土方开挖及回填量，使施工更为方便。

　　池壁的防渗采用新型的防水材料——HDPE防渗膜土工膜，既节约了成本，又达到了环保的效果。

四、木凉亭

　　三层碳化木凉亭设计在新堆积的9m高的山头，是全园的制高点。施工时不能使用吊车，材料运输便成为一大难题，只能采用人工运输及起吊的方式。

　　设计要求木亭采用新型材料施工，我们选取的碳化木既防腐防虫，又节能环保，是一种较理想的新型材料。

　　施工人员齐心协力，艰苦奋斗，克服了工期紧、工程量大、施工条件不完备等重重困难，最终将优质的工程呈现出来，为广大市民提供了一个亲近自然、感受生态、品质高尚的综合性场所。

旱溪松石图

路侧绿植

水生植物

野趣——自然的驳岸

园路铺装

本项目获得2010年度中国风景园林学会"优秀园林绿化工程奖"银奖。

单位名称：山东阳光园林建设有限公司

通信地址：山东省东营市经济开发区淮河路
          118号

邮　　编：257000

电　　话：0546-8313957

传　　真：0546-8325757

湖北省博物馆室外环境绿化工程

万文军　　张子明

湖北省博物馆始建于1953年，扩建完工于2008年底，地处武汉市武昌区东湖景观区旁与东湖湖面相邻，总占地面积6.4万m²，景观绿化面积3.2万m²。

其设计继承荆楚历史文脉和自然风貌，因地制宜、内涵丰富具有鲜明地方特色。用现代的设计手法把博物馆划分"一心"、"两轴"、"三区"的空间结构，从参观者的角度及入馆的空间感受来组织全园的景观序列，以此来展示荆楚文化，即酝酿—兴盛—开放—融合的历程。

考虑到博物馆门前区所处的特殊区位，按照公园的基本设计手法来处理门前的绿地，并结合湖北省博物馆这一特定建筑物所反映的历史文化特征，以代表楚文化的出土文物——编钟的外形为原型，在此基础上结合园林道路的布局，加以优化和变形，形成独特的景观形态。

根据场地条件，博物馆的景观工程采用了中轴对称式和自然式相结合的手法，使严谨对称的建筑群和自然柔美树木融于一体。从主入口至中心广场到综合陈列馆，以一条中轴线贯穿始终，其左右两侧的绿地、建筑为严谨的规则对称式布局，中心区设有小桥流水、喷泉，凸显轴线感。入口至勾栏处为自然式布局，植物配置随道路曲折、地形变化、空间形态自由布局，显露自然。

园林绿化以乡土植物为主，结合小品布置、地形处理和铺装等，极力营造一个富于荆楚文化艺术魅力和时代发展特点的优美环境。做到适地适树，重点突出博物馆的地方特色及其独特的文化底蕴。植物配置强调季相和色相的变化，达到了春赏花、夏庇荫、秋观果、冬常青的绿化景观效果。同时讲究空间艺术效果，树木搭配以乔木、花灌木、地被、草皮呈立体结构的群落，富有层次感及空间感，具有林冠线高低错落、曲折有致的变化。全园主要骨干树种由高大浓荫的乔木如樟树、栾树、广玉兰、金合欢、银杏、白玉兰、无患子、桂花等组成，花灌木、草坪作配景交替变化，以突出观赏效果。行道树为樟树和栾树，相间布置，起到遮阴和观赏作用。

本项目获得2010年度中国风景园林学会"优秀园林绿化工程奖"银奖。

单位名称：武汉华天园林艺术有限公司

通信地址：武汉市洪山区光谷金融港 1.1 期
　　　　　A3 栋 13 层

邮　　编：430070

电　　话：027-87611198

传　　真：027-87611128

宁波荒屿山、鲤鱼山复绿工程

胡伟华　　陈云胜

挡墙与陡坡绿植

公厕

荒屿山、鲤鱼山复绿工程总绿化面积5万m²，主要施工内容包括山体爆破、园林小品及园路铺装、水电安装、土方回填、园林绿化、沥青道路以及山体喷播复绿等。

工程特点

1. 荒屿山、鲤鱼山复绿工程地处鄞州区詹岐镇盐场滩涂地带，为海洋性气候盐碱地带。由于附近原为滩涂，为盐碱性土壤，水和土壤含盐量比较高，给园林绿化种植及养护带来了极大的困难。

2. 荒屿山南侧、鲤鱼山南侧和北侧原为破坏性山塘开采区。由于山体较高（垂直高度超过60m）、陡峭（几乎成90°角）给钻孔爆破增加了困难和危险系数。

3. 土方回填量大，运输成本高且耗时量大。本工程土方回填黄土约3万m³，黑泥约6万m³，堆坡高度约15m。其中鲤鱼山24m平台；荒屿山15m、30m、45m平台；鲤鱼山南侧边坡种植土共约2000m³，黄土全部从地面垂直搬运到位。

公园广场

305

针对复杂的施工现场和绿化要求，我们采取的施工工艺是：

1. 园林绿化

为了保证该工程园林绿化的设计效果，消除盐碱地盐分倒吸的危害，项目部开动脑筋，降低施工成本，经设计业主同意，在土方回填前回填了平均约0.5~1.5m的塘渣层作为隔水层，然后再回填黑土和种植土，成功地避免了盐分的倒吸，提高了苗木的成活率。同时在种植苗木，特别是大树的时候，每棵大树下面都铺设了塘渣透水层并埋设了透水管，然后回填厚30cm的黄泥，再用泥炭土（1:1）拌合种植土对土壤进行改良，确保了大树的成活率。由于工程所在地附近河流水质含有一定的盐分，在日常养护过程中，项目部严禁工人使用河流咸淡水，全程使用自来水养护苗木。

汤公亭全貌

登山步道

山体复绿

疏林草地中的汀步

2. 边坡复绿

本工程边坡复绿面积约2万m²，主要包括种植型边坡复绿以及喷播型边坡复绿两种。边坡复绿成功与否是荒屿山、鲤鱼山复绿工程复绿效果成败的关键。鲤鱼山南侧边坡坡度约65°~70°，项目部采用"人"字形水泥框架支撑、镀锌包塑钢丝网拉网、钢钉锚固、种植稻草防止水土流失等办法保证了种植土不坍塌不流失。同时选用营养钵林业苗木；H30~60cm的无患子、枫香、木荷、青冈、苦槠等耐贫瘠、耐旱苗木进行混合种植。既保证了植物的多样性，又达到了"修旧如旧"的效果。在喷播复绿区域，我们同样经过了周详的考虑。借鉴以往单一种子喷播复绿效果好不过三年的怪圈，我们的喷播种子加入了冷季型草种白三叶、二月兰、黑麦草、暖季型草种狗牙根、大花金鸡菊以及灌木型种子木豆、紫穗槐等，确保了四季有绿的景观效果。同时为了防止喷播效果的退化，在各个平台种植了凌霄、爬山虎、金银花、常春藤、长春油麻藤、藤本月季等爬藤植物，并派专人养护，确保3年内能爬满坡体，以达到长期复绿的效果。

植被丰富，层次分明

本项目获得2010年度中国风景园林学会"优秀园林绿化工程奖"银奖。

单位名称：浙江沧海市政园林建设有限公司

通信地址：浙江省宁波市鄞州区宁横路1688号
　　　　　1705室

邮　　编：315105

电　　话：0574-28836638

传　　真：0574-28836636

长春市友谊公园建设工程

康富军　刘维国

　　长春市友谊公园位于长春市政府南侧，是长春市政府2008年重点绿化工程之一。公园占地面积30.85hm²，其中绿化面积18.1hm²，水面面积9.69hm²，铺装面积3.06hm²。

　　公园以原柴户张水库为中心营造园林景观，在湖体周围设曲桥、仿古凉亭以及亲水平台等；结合园区地形特征，设置休闲广场、景观长廊、园路、木栈道、停车场、健身器材等场所设施，满足游人需求，并挖掘长春市雕塑文化结合地方特色规划建设了雕塑园区。公园建设的核心理念是坚持"以人为本"，围绕"生态、现代、文化、发展"四大主题，充分展示长春市城市文化底蕴。合理保护、治理、开发、利用柴户张水库，将公园打造为集观赏、游乐、健身等功能为一体的生态式亲水公园。

主入口景观

桥亭

雕塑区全景

园路

施工情况及难点

1. 土方量大，回填处理成为难点

在原水库南岸中部、西部有两处凹地，深5~7m，需回填大量土方，同时中部及规划中心广场东部又现存大量残土及清淤土。因此微地形改造时，对现有土方有效利用，尽量减少土方外运，避免二次环境破坏；土方回填时采用分层碾压、夯实的方式，个别地段分层碾压20余次，确保垫层基础达到质量标准。种植上为解决回填土方植物内涝的问题，我们铺设横、竖若干盲沟排水，保证栽植苗木成活率。

台地植物组团配置

2. 地形复杂

友谊公园南侧设计若干个微地形山脉，既要表现层出不穷、阖开有致，又要径流有序，不积不洼。另外水库四周极陡，处理难度较大，既要自然、平整，但又不能像公路护坡一样过于整齐而失去造园艺术，因此在整理场地地形时，严格按照图纸施工，保证了绿化景观效果。

3. 交叉施工

公园内建设项目涉及绿化、铺装、建筑、小品、灯具、给排水等工程交叉作业。各项目部制订详细施工计划，针对工程特征编制施工程序图，使分项工程有条不紊，减少施工交叉冲突，科学安排材料堆放，并制定周例会及现场突发事件临时会议制度，科学、高效地完成了施工任务。

雕塑园区小景

4. 工期短，任务重

2008年建设伊始，市政府要求2009年春季完成公园建设，把全新的公园交付给广大市民使用，这完全打破了我们原有的工作部署。各个部门重新调整规划，压缩施工工期，加大机械、人力投入，昼夜施工，提前完成了土方整理、植被种植、道路铺装、雕塑、路灯等所有建设项目。

乔灌花草结合

亲水平台

木栈道与宿根花卉

小品

经验总结

    在友谊公园绿化工程的整个施工过程中，我公司项目部与建设单位、设计部门及时沟通，对植物配置进行了合理调整，达到了理想的效果；同时严把苗木采购关，狠抓种植关，加大后期养护管理力度，各部门紧密配合，通力合作，才达到如今的景观效果。在此次友谊公园绿化工程施工过程中，我们大量使用宿根花卉和植物新品种，同时注重与周围植物景观的衔接配置。栽植金叶榆、红叶李等彩叶树种2000余株，春秋色彩分明，栽植20余种近2万 m² 宿根花卉，利用它面积大、花期长及交替开花的特点使全园更加绚丽多彩。这是一次大胆的尝试，从市民的连连好评中，看到了对我们工作的肯定。我们在今后的设计施工过程中，在成熟的施工技术条件下，会打破常规，尝试一些新的施工技术使用新植物材料，创造与众不同的园林艺术，为市民创造更多的有特色的城市绿地景观。

花镜木栈道

特色铺装与古朴的木凳

本项目获得2010年度中国风景园林学会"优秀园林绿化工程奖"银奖。

单位名称：长春绿地开发建设集团有限责任公司

通信地址：长春市西安大路4268号

邮   编：130062

电   话：0431-87959288

传   真：0431-87959259

南京渡江胜利纪念馆景观绿化工程

南京渡江胜利纪念馆园林景观工程鸟瞰效果图

南京渡江胜利纪念馆新馆位于秦淮河三汊河河滩上，这里北临长江主航道，江面开阔、气势雄浑，为迎接南京解放60周年而建造的南京2009年度重点工程——南京渡江胜利纪念馆堪称是"名家名作"，既有纪念性，又有地标性。清华大学张杰教授负责场馆规划，"总前委"和"千帆竞渡"群雕由中国城雕院院长吴为山教授担纲。尤其是胜利广场中央的"千帆竞渡"群雕，在由"金陵"红喷漆的60根钢柱分为六组，组成"风帆"造型群雕，绵延约120m，矗立于江边，充分展现了"千帆竞渡过长江"的壮观。截面为五角星造型，从地面看，群雕似红旗招展；从空中看，49颗红五星闪烁在江边。同时，在这六组钢柱中，位于胜利广场中央部位的一组"风帆"最高达49.423m，寓意南京解放日——"1949年4月23日"，60根钢柱又寓意着渡江胜利60周年。

工程由胜利广场和主馆区两部分组成，场馆总面积3.8万m²，其中：

1. 纪念馆建筑面积6931m²；

2. 园林景观：入口广场、林阴大道、胜利广场、下沉式广场、停车场1.5万m²；

3. 园林绿化：入口广场、林阴大道、下沉式广场、停车场、树阵、长江岸边、三汊河岸边1.7万m²。

该工程包括整个室外广场土方回填、造型、细平整，植物种植和硬质景观、水电安装等。公司中标后，从总经理到各部门均对该项目投入很大的精力，组建了以优秀项目经理廖雪英、张阿庚为主的强有力的工程项目班子，公司总工、技术部门也在百忙中多次到工程现场对工程的实施和工程细节进行指导。

由于该项目建筑主体施工相对滞后，导致雕塑基础管桩施工及其他相关管线等配套工程相对拖后，严重挤压了我公司景观工程施工的展开，同时又遇到雨季，但由于南京市政府早已决定2009年4月23日南京解放60周年纪念活动在此举行，因此建设工期不能拖后，为此我公司项目部积极与业主管理方、监理和相关施工单位积极沟通协商，努力组织人力和物力。项目负责人亲自抓材料组织，各施工班组见缝插针，努力克服各种不利因素，优质及时完成各项施工任务，得到业主、行业管理部门等各方面的肯定。

311

渡江胜利纪念馆

施工中采用的新技术、新工艺

1. 本工程在给排水施工中采用了常州市河马塑胶有限公司生产的河马井。该井使传统的砖砌井成为历史，该项产品选用PVC.V和PP.HDPE材料，以注塑挤出等工艺生产的全塑部件组装而成的排水用检查井，井底托盘采用注塑成型技术设有排污流道，能有效防止污物滞留堵塞检查井，提高了排泄能力。井筒采用单节和多节塑料管材，可任意调节检查井高度，接口采用橡胶密封圈连接，既能防止污水渗漏又能保护检查井不受建筑物沉降产生的压力影响，具有排污流通能力强、密封性能好、施工方便，缩短施工工期等特点。

2. 为保证长江岸边大广场施工质量，施工中对深达4~5m的回填土采用了喷粉桩加固。确保了南京市重点工程安全、优质的如期完成。

市政府对于监理、设计及施工单位克服困难按期保质完成了该项目给予了高度赞扬，对整个工程的效果非常满意。

工程交付使用后，这里成为广大市民接受爱国教育的重要基地。也是附近市民晨练，晚上休闲的好场所，得到了社会各界的一致好评。

雕塑

次入口

林阴大道

植物配置

纪念馆北侧道路

胜利广场

本项目获得2010年度中国风景园林学会"优秀园林绿化工程奖"银奖。

东入口绿化

单位名称：杭州市园林工程有限公司

通信地址：杭州市天目山路238号华鸿大厦
　　　　　A座七楼

邮　　编：310013

电　　话：0571-56837206

传　　真：0571-56837206

胜利广场花坛

上海世博轴及地下综合体工程（景观绿化专业分包工程）

一、工程简介

世博轴及地下综合体工程景观绿化工程秉承"绿色世博"与"科技世博"的建园理念，环保和生态的绿色设计理念转化和体现在世博景观工程施工过程中的各个环节。有意识的运用新工艺、使用新材料，不断拓展技术的广度和深度。

对于施工现场的管理，我们进行了科学地施工组织设计，合理的平面布置和资源配置并在施工过程中严把质量关，认真抓好现场施工的质量管理。为了保障工程的质量和进度，我们建立和完善了质量管理保证体系和领导体系，强化质量意识，落实质量责任，并强化质量技术管理工作，强化工人的质量责任心，同时层层签订责任保证书，明确质量责任，严格执行质量验收制度，对工程质量进行巡回检查，走动管理，针对不同阶段的工程特点有针对性地加大管理力度。坚决把世博轴绿化工程做成世博精品工程。

世博轴绿坡

北广场跌水

世博轴绿坡

二、工程范围

项目建设基地位于中国2010年上海世博会浦东世博园区中心地带，南临浦东南路、东临上南路、西临园三路、北接世博园区庆典广场。景观面积约7.28万m²，绿化面积约2.86万m²。世博会期间，世博轴是世博园区空间景观和人流交通的主轴线，世博园区的主入口从空中平台和地下联系四大场馆。世博会后，世博轴将成为未来上海都市空间景观和城市交通的主轴。

总体而言，世博轴绿坡竣工景观效果已经呈现，目前已达到设计方案设想效果，在上海世博会举办的期间，世博轴绿坡景观发挥了非凡的景观魅力。

世博轴绿坡

北广场铺装

园路、院门、植物景观

2. 水系特点

以孙武湖为母体，以溪流为脉络，在绿地中延伸出美人溪、芙蓉溪、九曲溪等水溪，使孙武湖的干流与支流、大水面与小水面、溪与溪之间有机结合，大小由之，并通过木栈道、平台、游览路和各种不同形式的桥联系起来，形成完整的生态水系。

3. 园中园特点

核心景区中串联了许多园中园，如恩泽园、兵法园、梅园等都以孙子文化为依托，主题鲜明、各具特色。园与园之间由水溪和游览路串联起来，使仿古建筑、园林置石、小品雕塑、传统文化符号等融入自然环境中，呈献给人以美的视觉感受。

亲水平台与景墙

竹林小径

建筑小品与园林置石

水溪与吊桥

柳岸蛙鸣闻啼鸟

二、施工技术

1. 地形塑造

本工程原地形地貌为冲积平原，地势平坦，一览无余，无景可赏。为了创造景观，设计人员煞费苦心，设计的山体、溪流、道路、广场、驳岸、桥梁，景色多变、高低起伏、自然曲折、虚实有度，巧妙地施工将这些景观元素衔接起来。

2. 大树种植

本工程种植胸径15cm以上的大规格树木600余株，主要品种有柿树、银杏、法桐、国槐、垂柳等，采用孤植、列植和组团式种植三种形式。要达到高质量的景观效果，必须带全冠或半冠种植。为了保证移栽大树的成活率及完好率，制定了详细的大树栽植方案，从起挖、运输到栽植都进行严格的一体化管理，营造出大树的近似生境，保证了大树移植成活，为大树健壮生长创造了及其有力的前提条件。

3. 反季节绿化种植

栽植处于夏季高温季节，施工工期紧，给施工带来很大难度。为了确保其成活率，充分利用苗圃假植、增加科技指导。采用先进的种植技术，如栽种时使用活力素，促使其增生新根，恢复生长，并采用草绳绕干、喷防蒸腾剂、树身滴挂营养液等措施减少树冠修剪的范围，以保证树形的完整。

4. 充分利用水系，营造湿地景观，打造生态驳岸

在水系内和水岸线以上4m范围内敷设生态布，其上再覆20~30cm粘土，做到保水固土的目的。

孙子文化主题公园核心景区春天百花争艳、夏天荷风送爽、金秋红叶艳丽、隆冬梅花清新，亭、台、榭、阁若隐若现，整个公园终年掩映于绿阴环水之中。

本项目获得2010年度中国风景园林学会"优秀园林绿化工程奖"银奖。

单位名称：青岛大千园林有限公司

通讯地址：青岛市市南区大尧三路54号1-101

邮　　编：266071

电　　话：0532-85771161

传　　真：0532-85780983

村路铺装

水系整治

石桥

法云古村 F 区块室外一景

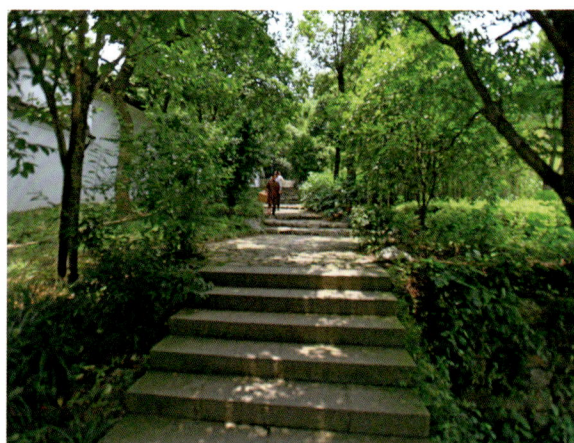

法云古村石板道

本项目获得2010年度中国风景园林学会"优秀园林绿化工程奖"银奖。

单位名称：浙江博大环境建设有限公司

通信地址：绍兴市中兴南路景都花园 1 号楼 4 楼

邮　　编：312000

电　　话：0575-88950686

传　　真：0575-88950688

苏州太湖湿地公园绿化工程七标段

宋 青

丝瓜架——绿廊

湿地一角

一、工程概况

苏州太湖湿地公园绿化工程七标段采用湖泊、木桥、长廊、园路相结合的方式,体现苏州故有的小桥流水人家风貌。太湖湿地公园多以人工景观河,湖边驳岸配以千层石、太湖石作为衬托,各区域以景观桥、木长廊相连接,郁郁葱葱的树木依偎在古色古香的凉亭旁,各形各类园路相互呼应,将这一切都有机地联合在一起。

二、施工重点和难点（采用新技 术、新工艺、新材料的情况）

本工程种植乔木的时间正值夏季,为提高乔木反季节种植的成活率,我公司特成立QC小组解决反季节栽植苗木的难题。

措施一:苗木运输量根据种植量确定。

措施二:非正常季节的苗木种植前应加大修剪量,减少叶面呼吸和蒸腾作用。

水中汀步

山东省荣成市十里河公园建设工程

姜文杰　　肖辉明

　　十里河发源于荣成市伟德山，属山地河流，流程短，汛期河水暴涨暴落，枯水期断流，沿途有三个村庄、一所学校、三个生活小区和一处商业区，是全国第一个国家城市湿地公园——桑沟湾国家城市湿地公园的重要水源补给河流。原有河道淤积荒芜，杂草丛生，环境脏乱差。

　　从2002年起，荣成市决定对十里河进行整治，结合河道原有状况，因地制宜，向外拓展，将水体和公园有机结合，规划建设一处集泄洪和景观于一体的综合性滨河园林景观廊道。在规划设计上本着"生态、自然、和谐"的理念，进行景观区域划分、基础设施建设和绿化景观营造。通过"四海同心结"雕塑、水上船型场地等多种元素，展现了荣成渔民耕海牧渔，战天斗地的顽强意志，反映了"四海同心，一帆风顺"的主题思想。

亲水驳岸

生态驳岸的植物布局

水映桥亭

十里河公园鸟瞰

整个公园在功能上划分为健身运动区、休闲服务区、中心雕塑区、亲水体验区和林阴休闲区五个区。在植物的选用上本着"适地适树"的原则，大量选用本土树种（乔木：黑松、赤松、法桐、杨树、刺槐等，灌木：紫穗槐、野蔷薇等，草本：茅草、羊胡子草等）。增加了色叶树种如银杏、五角枫、栾树等，搭配花期长或观赏价值高的树种如樱花、紫薇等，达到"四季常青、三季有花"的效果。同时大量采用了河道防渗漏、雨水收集、太阳能照明、生态驳岸等新技术，实现了公园的服务性、趣味性和参与性的有机结合。

公园占地约36hm²，绿化面积约32hm²。在保留原有的600多棵树木以及几处桥涵的基础上，又栽植了各类乔木1.5万棵，花灌木10.7万棵，组团灌木27万棵，播种草坪8.7万m²，修建广场、铺装道路3.3万m²，小品50组以及公园管理房、茶社、酒吧、厕所等公建设施。

雕塑——佛手

基于"发现原生态、营造宜居环境"的理念，充分利用山地别墅群地势的高低变化，沿湖错落有致地分布了木堤桥、观景木码头、滨水木栈道、景观亭、山石跌水、滨水广场、休闲汀步路、水景幕墙、滨水大草坪等景点。在园林植物所营造的或围合或开阔的空间里，在远处山体的掩映下，心旷神怡。在湖区植物种植中，我们尽量保留原有生长良好的乡土植物，注重乔、灌、草多层次和色彩搭配，季相分明，努力打造有亚热带特征的乡土植物生态群落。

组团别墅的外围墙原设计方案采用板材贴面方式，经我方技术人员建议后同意采用本地石头。这些带铁锈色的石头，硬度质地都符合要求，但施工工艺较复杂。一般要求墙体两侧均为平滑观赏面，进出门柱子要求四面均为装饰面，表面要求不露浆，内部要求砂浆饱满。完工后，这些连绵不断的围墙如同精心雕筑的景墙，既环保更富乡村郊野的味道。

惠阳振业城别墅小区依山而建，地势高低常常相差几米，从市政道路至别墅小区2~3km路全部是黄土小路，迂回曲折。如果在雨天，施工车辆、机械很难进出。施工人员经多次现场考察，做了大量前期完善工作，全面细化施工方案，在工期紧迫的情况下顺利解决了问题。主要体现在：① 人工湖的湖底清淤工程中，外运污染物及土方达10多万m^3；② 湖区周边几十株大树和组团庭院大树的全冠种植。

湖区园路

本工程景观施工现场面积近30万m^2，同时交叉施工的施工单位就有五六家，相互影响作业工序是常有的事。施工中，我方在紧密配合开发商的进度计划同时，积极与其他施工单位协商配合，建立进度动态控制模式，紧控好关键工序，并组织好必要的赶工计划，很好地完成了开发商对楼盘营销计划的要求。

滨水广场台阶

样板房小品

水景墙

生态墙

本项目获得2010年度中国风景园林学会"优秀园林绿化工程奖"银奖。

单位名称：深圳市莲花山园林有限公司
通信地址：广东省深圳市福田区红荔西路 4018 号
邮　　编：518026
电　　话：0755–83329687
传　　真：0755–83233073

水清鱼跃鸭先知

二、做好植物的选择、种植及养护

为营造人性化、生态化、个性化的居住环境，对于植物的选择、种植及养护方面主要采取如下措施：

1. 正确的树种选择

采用"以乡土树种为主，适当引进外地适合生存的植物"为宗旨，大量使用桂花、香樟、杏梅等深受当地居民喜爱的乡土乔木，为营造出景观的诗意情趣，还适当的种植些棕榈、苏铁等棕榈科植物，起到点缀的作用，并在建筑转角、绿化边缘、置石边种植了一些新品种，让整个空间更加富有诗意。

2. 科学筹备，提前苗木准备

在园林工程施工中，对于准备苗木很重要。我公司对于大、中规格的乔木移栽有着成熟的技术，对于大、中规格的乔木移栽成活率高达95%以上；另外对于防病虫害也非常重视，在选苗与栽培过程中加强了植物病虫害的检疫与监控，使该项目的病虫害发生率近为零。

3. 引进木兰科、蔷薇科等观花、观果、观叶植物，为园林景观增添色彩

为了丰富观花植物资源在园林上的体现，本项目应用了玉兰、梅花、樱花、海棠等繁花植物，做到四季有景、四季有花、四季有色。如春季可欣赏垂丝海棠、西府海棠、樱花、春鹃、黄馨等；夏季可欣赏的有紫薇、栀子等；秋季观花植物有桂花，观叶植物有银杏、鹅掌楸等；冬季也有腊梅可观花。另外还种植了部分果树，如香泡、桔子树、枇杷、杨梅等，让居民可体会丰收的喜悦。另外采用标准的移植技术和专业的养护技术，使苗木成活率高、生长势好。

总而言之，本项目从视觉、味觉、嗅觉等多方面满足了居民的需求，让居民在工作之余可以体会到乡村的气息，让居民感觉到家的温馨。

曲径通幽

入口一角

自然式休闲区

借景

梯田式挡墙与绿植

坡道台阶处理

三、水景及园林建筑小品的营造技术

1. 丰富地貌及其整体布局的营造

山、水、林、泉等自然景观是园林景观的主要部分，因此塑造地形就显得尤其重要。为营造自然美观的生态环境，每一个微地形、小沟壑的山形高度、角度和形状都十分讲究，在施工过程中对照着设计图纸，结合现场实际情况，经过多次调整最终达到令人满意的效果。着力营造一个室外和谐景观氛围，在整体规划的步调上，让关键节点有景可看。沿着园中合理的安排景观亭、休息平台，娱乐场所，给居民提供休憩场所，使之有地可息，有景可观，有乐可闻。地形丰富的高差打破了平面的单调性，喷泉、水幕等营造出动静结合的园林特色。

2. 丰富的水景营造

"无水不成园"，只有存在能流转的活水，才能给园林带来生气。首先，采用一组玻璃与陶罐相结合的形式，设计出流水潺潺的景，在排水处铺以卵石，让居民能有身处溪水涧的感觉。其次，以喷泉、玻璃陶罐跌水的形式，并在旁边休息平台上置桌椅，使居民可以坐着一边看书、聊天，一边欣赏景观。第三，以水幕的形式，突出水的动态美。

对于园林小品，以陶罐种植植物、形象铁雕塑、石雕、置石等为主，使整体环境更加和谐。

透水铺装

本项目获得2010年度中国风景园林学会"优秀园林绿化工程奖"银奖。

单位名称：浙江元成园林集团有限公司

通信地址：杭州新塘路19号采荷嘉业大厦5号楼

邮　　编：310016

电　　话：0571-86947044

传　　真：0571-86947044

宁波清泉花园园林绿化工程

赵定品

　　清泉花园园林绿化工程位于镇海高教园区北区庄市街道。其对园林的精细雕凿和优雅生活感受的传统理念，使总体上和细节处都溢射出园林匠师的匠心独运和细致工艺的考究。在配合建筑风格的基础上，环境景观更在形式与内容上追求怡人的艺术效果，水景是一群旗鱼跌水的水景石景结合的"旗开得胜"的园林景观；东区住宅入口前庭的四季花镜，是一条色彩斑斓四季花开的花带，色彩迷人令人如居花乡之境，体现园林生态之美。

一、工程概况

　　工程绿地面积约6.02万㎡，主要施工内容有：园林绿化、建筑、小品、铺装、给排水等工程。具体是东区：亭子一座、木平台广场一座、河道边黄石驳岸；西区：景墙3座、钢花架一座、木桥一座；园路铺装约6068㎡、水系3条约548㎡、池中水泵3套、喷头4个、室外给排水。

小区铭墙

水系小品

亲水平台

热带风情

楼间园路

二、技术难点及解决方案

堆土、地形改造、大树种植、河坎工程是本工程的重点和难点。

1. 堆土、地形改造

施工中当按照土坡设计图或竖向设计图，随时检查堆土的准确性和土坡地形与设计图的吻合性。

2. 大树种植

对要使用的苗木严格把好质量关，苗木除了规格要符合要求外，还要选择生长势旺盛、形状好、无病虫害、无机械损伤的苗木，并做好标记，进行编号。对于大规格苗木选择移栽苗，绝不使用野生苗或没有经过移植的树苗。苗木起苗时间和栽植时间尽量做到紧密结合，做到随起随栽，若不能立即种植的应进行假植。

由于本地区台风较多，风对树的影响较大，为此，我们加强对苗木的支撑。对于大规格或枝繁叶茂的乔木，常用的方法用三角支撑，即取三根木头，支撑树体中某一点。在绑扎点用麻布或橡皮块包住，以免磨去皮层，或引起环剥，然后均匀布置三根竹杆的位置，着地点用石块垫住或跟打入地下的桩（木桩、水泥桩或钢管）用铁丝绑扎好，支撑点上用麻绳或尼龙绳绑好。

3. 河坎工程

清泉花园园林绿化工程河坎工程施工为本工程的重点，河坎质量的好坏将直接影响到河坎的使用寿命及美观效果，因此在河坎施工中应严格把关，层层落实。

卵石铺装

日湖花园植物造景中艺术性运用非常高超，景点立意意境深远，季相色彩丰富，植物景观饱满，轮廓线变化有致。将景色优美、意境深远的景点贯穿起来。

日湖花园绿化工程有绿化、小品及路面铺装、小区围墙、小区主入口、小区外围人行道及小区入口铺装及绿化，占地面积约5万m²。以特色花池、人工河道、绿树、林阴铺装广场、涌泉水池、景观亭等为中心景观轴，与周边绿地融为一体，各具特色的景观序列，为居民提供休闲、游乐、康体自然和谐的人居环境。

别墅院门

石溪

水音

琴韵

园路铺装

错落有致

本项目获得2010年度中国风景园林学会"优秀园林绿化工程奖"银奖。

单位名称：宁波市花园园林建设有限公司
通信地址：宁波市环城西路南段 1085 弄 55-59#
邮　　编：315012
电　　话：0574-87452758
传　　真：0574-87452938

石趣

无锡北塘区社区服务中心绿化景观工程

北塘区位于无锡市区西北部，面积31.5km²，人口约35万，下辖黄巷、山北、北大街、惠山4个街道办事处。

北塘区社区服务中心景观工程位于凤宾路以西、民丰路以北、312国道以南、苏巷以东，由景观小品、水系喷泉及绿化景观组成。景观小品则包括广场铺装、木栈道、钢构廊架、花岗岩园路、花坛、特色花架亭子等。水系喷泉包括景观喷泉、水景瀑布、绿化喷灌等。整体绿化景观效果以常绿为主，配以落叶乔、灌木凸显四季分明，投入使用后的北塘区社区服务中心设施功能完备，将为广大人民群众提供更加便利、良好的社区服务环境。

行政大楼二楼主入口弧形上下车行坡道一侧，以大块面果岭草斜面铺地衔接行政广场。行政广场铺装面以与静水池相接为起始横断面，以行政大楼主入口为中心轴，运用中心轴块面对称衍生式纵向多色花岗岩块面铺装，与草坪横向宽渐变长条块面铺地相互错落穿插，极其自然地将行政大楼过渡到下沉式广场老年活动中心C栋楼顶斜面绿化种植区。行政广场上与斜面种植区相接一头，自动旗杆傲然耸立，天空中中华人民共和国五星红旗迎风飘扬。两条花岗岩铺装步道将该楼顶斜面分为"一小两大"三块绿化种植区，延续运用行政广场上中心轴块

下沉式广场民丰路入口

法院廊架停车场

石栏观柳

行政广场钢构廊架

碧水蓝天

344

植物组团配置

面铺装的格局；斜面种植区内自下而上、纵向整齐地种植三横列桂花、三横列香樟。种植区尽头，中心块面形成一个只围合三面的浅水池，池水溢出沿着阶梯幕墙形成水幕瀑布落入与老年活动中心C栋楼相临的不规则形水池里。下沉式广场以模纹形式，勾勒出大大小小几个休闲区，以错落的植物种植区、步道来阻隔休闲区之间的干扰。下沉式广场尽头，与民丰路相接处，不仅选用了人造假山石制造出立面错落式植物，种植区形成自然的步石阶梯，更添加了残疾人坡道，体现人出文主义关怀。两侧A、B栋老年活动中心楼顶以木栈道的形式分别形成休闲区域。与行政大楼相接的行政广场地下为人防避险公室，而广场两侧的长方形钢构廊架很好的隐藏了4个出口，既不失行政广场的庄严性，又增加了行政广场的实用和美观性。行政广场最外侧的大块方形绿化种植区一侧联系着行政大楼车行坡道外的果岭草铺地，另一侧联系着与A、B栋老年活动中心外墙相连的方形满天星广场。整个工程主线秉持着行政大楼肃穆的风格，多选用矩形；增加空间层次，使得空间功能明确地区分开；同时又以水系、绿化种植区等贯彻主线，使各个空间有着必然的联系，不会造成突兀。按照各功能区服务功能的不同，有计划性地选择园林植物，以江苏无锡地区乡土植物为主，综合考虑苗木的生态习性如花、果、叶和株型等，如下沉广场休闲活动区选择的苗木除冠幅大、遮阴好的落乔外，更多是选择了花色、花期各异，株型高低起伏的各类地被植物，充分营造山野花烂漫的自然景观，陶冶人的情操，放松人的情绪。

分层布局

检察院绿化与铺装

下沉式广场模纹花坛

我施工方在施工过程中提出了合理的建议

1. 废除原行政广场中轴面的浅池摆石，变更为横向草坪宽渐变长条块面铺地。由于考虑到浅池存在将整个广场一分为二，缺乏了行政广场的实用性；但将浅池区域剔除又破坏了整体的过渡性；并且由于行政广场地下为人防避险公室，网状的人防公室顶反挑背包梁间用1：1：1级配碎石填充，对于今后浅池水质的更换将成为一大隐患。而横向草坪宽渐变长条块面铺地在增加了广场的使用性和便于日后管理的同时更活泼了整个广场的硬质铺装冰冷的气氛。延续出中心轴块面的两条花岗岩铺装步道更是升华了整体一贯性的特点。

2. 大量选用无锡地区乡土植物，丰富各类同种植物规格。在行政广场外侧绿化种植区，将原8株 ϕ 20~22；P450~500；H500~600榉树变更4株 ϕ 20~22；P450~500；H500~600榉树、4株 ϕ 25.1~27.0榉树。这样不仅丰富了林冠线，更使得整个广场气势恢宏。

3. 整个广场铺装基础由素混凝土垫层，变更为钢筋混凝土垫层。由于北城区多雨又处于低洼地区，开挖时发现多块面淤泥；考虑到今后铺装区域若出现不规则沉降，将后患无穷。现如当时预想，行政广场上下坡道与花岗岩广场铺装衔接处已能明显看出，花岗岩广场铺装面整体倾斜下降最大值达到了2cm。

沿湖景观一瞥

本项目获得2010年度中国风景园林学会"优秀园林绿化工程奖"银奖。

单位名称：无锡市绿化建设有限公司
通信地址：无锡市惠钱路2弄10号
邮　　编：214035
电　　话：0510-83016694
传　　真：0510-83016694

办公楼前绿化

办公区域一角

潍坊弘润化工厂绿化工程

潍坊弘润绿化工程位于山东省青州市口埠镇,是潍坊弘润化工助剂有限公司的厂区绿化工程。山东华龙园林工程有限公司于2008年承接了该公司厂区绿化工程的设计和施工任务。工程施工总面积4.65万m²,工程开工时间2008年6月15日,竣工日期2009年6月15日。

该工程设计充分体现以人为本、以绿为主、崇尚自然、因地制宜,寻求人与自然的和谐,使植物发挥出最大的生态效益。在绿化植物品种选用上,采用抗SO_2的黑松、白皮松、桧柏、水杉、垂柳、金银木、榆叶梅、连翘、紫藤、山茱萸、法桐、木槿、苦楝、栾树等20多种抗污染的乔灌木品种,水生植物采用了适应性极强的芦苇、水芹、梭鱼草、小香蒲等。在植物分配上按照分区规划原则,制造一个阴阳和谐、气场宜人、陶冶情操的厂区环境,并充分考虑其季节更替、色彩搭配及其净化空气、提高水质的效果。

整个景观以假山为中心,分别向西南和东北两侧延伸展开,形成一条绿色景观带,采用高低错落的设计手法,形成一定的层次感,主景点中有水帘瀑布,一泻而下,气势壮观。次景点围绕河道水系分布。河道上设桥、汀步、跌水等景观,可远观、可近赏。驳岸用太湖石砌筑,自然美观,浑然天成。

生产区大型叠水瀑布假山

该工程施工内容主要包括水系工程的开挖、毛石砌筑、太湖石湖岸、鹅卵石湖岸、假山、曲桥、游路、防护栏和植物栽培等工程。该工程太湖石原料均采用山东临朐五井镇的优质太湖石，造型古朴典雅、美观自然。在绿化植物采用上合理搭配一些月季、连翘、金叶女贞、木槿等花灌木，达到了绿色、环保、人文的设计效果。

该工程的难点和重点为假山堆砌与河道砌筑工程，因为原地形土层深厚而疏松，由于受假山、湖岸石等压力影响极易产生建筑物沉降，为此公司制定了严格的质量管理规范，并根据现场制定出科学合理的施工操作程序，在施工选材上均采用经质监部门验证合格的产品，从基础上保证了工程质量。由于施工现场临近生产易燃易爆物品的车间，项目部在保证工程质量的同时，严格施工安全管理，未发生一次安全事故。

该工程竣工后，以其优良的品质和美观的效果丰富了企业的文化内涵，为工人们提供了良好的工作环境，达到了预期的效果。

办公区道路绿化

小游园藤门

生产区水系

厂区道路绿化

厂区水系

厂区道路绿化

本项目获得2010年度中国风景园林学会"优秀园林绿化工程奖"银奖。

单位名称：山东华龙园林工程有限公司
通信地址：临朐县经济开发区
邮　　编：262600
电　　话：0536-3169668
传　　真：0536-3169668

淄博猪龙河综合整治工程（一）

淄博市猪龙河整治工程位于淄博市中心，由烟台市园林绿化工程公司承建华光路一莲池桥段，工程占地面积3万m²。

猪龙河为河道改造工程，原为市区一污水河，本工程通过改造整治，地下做污水管道，地上做城市景观，达到综合整治效果，改善城市环境，提高城市品味。本工程的主要建设项目是土方造型、水电安装、土建工程、绿化种植、园林小品等。在工程施工过程中，我公司根据设计图纸，进行了二次创作，通过多种植物造景手段，造出了既有生态性又极具观赏性的绿地。工程为了确保施工质量及景观效果，在施工过程中采用多种新技术、新工艺，下面就这些新技术做简单的介绍：

1. 土壤改良措施

淄博市土壤质地黏重，通气透水性能差，土质较贫瘠。在施工过程中通过施以草碳土、鸡粪，并用旋耕犁旋耕搅拌，起到了综合改良土壤目的，大大提高了苗木成活率。

2. 木塑材料的运用

由于木塑材料的基础为树脂和木质纤维，所以决定了其自身具有塑料和木材的特性：具有抗紫外线、着色性能良好、隔热、绝缘、耐温、防腐、抗酸碱、可锯、可刨、可钉、有木质感、其材料制品容易加工、制作方便、不易变形；机械性能优于木质材料等特点，并可100%回收再生产，是真正的绿色环保产品。

防腐木观景平台

彩色透水地坪广场

石阶与林阴平台

休闲木廊架

3. 彩色透水地坪铺装

彩色透水地坪能在普通混凝土表层创造出各种天然石材效果，具有美观自然、色彩真实持久、质地坚固耐用等特点；彩色生态透水地坪拥有15%~25%的孔隙，能使雨水直接渗入地下，有效地补充地下水，缓解城市热岛效应，能够保护城市自然水系不受破坏，具有很强的环保价值。同时解决了普通路面容易积水的问题，提高了行走的安全性和舒适性，对于改善环境具有重要意义。

淄博为国家级历史文化名城，也是齐文化旅游区。"蹴鞠"就是用脚踢球，起源于春秋战国时期的齐国故都临淄，唐宋时期最为繁荣，经常出现"球终日不坠""球不离足，足不离球，华庭观赏，万人瞻仰"的情景，《宋太祖蹴鞠图》描绘的就是当时的情景。杜甫的《清明》诗中写道，"十年蹴鞠将雏远，万里秋千习俗同"，也说明了当时蹴鞠活动的普及。在讲求"中庸"的传统文化背景下，蹴鞠逐渐由对抗性比赛演变为表演性竞技。近年来，在蹴鞠的发源地山东淄博又兴起蹴鞠热，景区结合这一文化底蕴，创造性地建造了蹴鞠广场，许多市民参与其中，既锻炼了身体，又传承了两千多年的民俗；在淄博历史上还有一位传承人物姜太公，姜太公为周国缔造者，"姜太公钓鱼，愿者上钩"这一典故广为流传，为纪念这位历史上全智全能的人物，建造了姜太公钓鱼广场，广场建有雕塑"姜太公钓鱼"供市民休闲赏悦。

猪龙河景观工程的建成为周围社区居民注入了朝气与活力，极大地改善了市民的生活环境，体现了自然与人文交融，老百姓一出门就能看到绿树、鲜花，早晚可以强身健体，各项使用功能都能得到很好的利用，取得了良好的社会效应和广泛的好评。

蹴鞠雕塑

张拉膜亭

象形景石

壁泉

猪龙雕景门

园路铺装

一、稷下学宫景区

该景区位于人民路南，植物配置以大面积常绿树黑松为基调，下沉式稷下广场不同活动场所的花坛配置了品种色彩各异的花卉，寓意百花齐放、百家争鸣的学术研讨氛围。

二、猪龙春晓景区

该景区位于人民路北、市委西，主要有：猪龙吐翠、壁泉、小憩廊亭、拱桥倒影、猪龙春晓及金色林阴路等景点共同组成了有声有色的春晓景区——猪龙吐翠、壁泉的跌水声与猪龙河里的流水声声声悦耳；柳色花色生态色色生辉。无论是景观内容设置还是建成后实际的景观效果，都给人以欣欣向荣、春意盎然的生机感。

三、沿河漫游景区

该景区是由猪龙春晓景区至小憩纳凉景区的狭长过渡景区，最窄处两岸绿化带总宽度不过十余米。从而给植物造景带来了一定难度，因此该景区除在河两岸简单的自然式种植些垂柳碧桃以体现桃红柳绿的景观效果外，主要在园路上做文章，园路除用生态砖铺装外，其亮点还在于路面两侧不时点缀的代表齐文化的浮雕图案，使游人在桃红柳绿间漫游的同时也徜徉在浓厚的齐文化的氛围里。此景区可以说是一草一木皆关情、一花一石皆是景（如枫石小景），从而吸引了人们的视线，使人们在不知不觉、意犹未尽中来到了下一个景区。

四、归真纳凉景区

该景区主要景点有：繁花似锦、休闲木栈道、归真桥及消夏亭。由于该景区在商场附近，因此，此处景点的设置在美化环境的同时，皆体现与休闲购物功能相结合的特点，多处设置了可供人们逗留休憩的场所及设施。此景区为了扩大绿化空间，丰富人们的视野，不仅用卵石铺贴河岸，还在近岸处布置了多处水生植物种植台池种植水菖蒲等水生植物。

1. 技术难点

（1）施工面狭长景观营造受到约束；

（2）反季节栽植，苗木栽植成活率受到影响。

2. 新技术、新材料、新工艺应用

（1）节约型园林建设：地被大部分为耐干旱瘠薄的宿根草本花卉及管理粗放的耐阴花灌木；

（2）水生植物材料的应用；

（3）照明设施镶嵌于雕塑、坐凳等小品设施中；

（4）汉白玉齐文化浮雕镶嵌路面。

稷下广场

本项目获得2010年度中国风景园林学会"优秀园林绿化工程奖"银奖。

单位名称：山东大地园林有限公司

通信地址：淄博市张店中润大道60#

邮　　编：255000

电　　话：0533-3190301

传　　真：0533-3190301

猪龙晓月

潍坊市长松路景观道路绿化（长松城市公园）工程

彭宏嫣　　陈世枫

潍坊市长松路景观道路绿化工程位于潍坊市长松路福寿街——安顺路段，建设面积9.72万m²，其中绿化面积6.93万m²，铺装面积1.53万m²。工程内容包括铺装、绿化、花坛、景墙、景观亭、木质景观桥、旱溪、座椅、给排水、景观照明等。

潍坊市长松路景观道路绿化工程在设计上，以饱满的绿地景观为基调，通过乔木、灌木及地被花卉的合理搭配，在竖向上形成丰富的变化，结合多样的植物品种、休闲广场、旱溪、景观亭、景墙等园林小品，将大自然的季相景观表达得淋漓尽致、绚丽多姿。既为人们提供一处游憩赏息的开放空间，又亮化了潍坊市城市面貌，突出了"以人为本"的设计理念。

潍坊市长松路景观道路绿化工程有如下特点：①工期紧；②现场条件复杂，位于市区，制约因素多；③工程质量要求高。

植被层次分明

环岛花镜

花镜

文化景墙

曲径通幽

人行道绿化

休闲候车

　　针对以上特点，我们在施工前做了大量的准备工作，为后期工程的顺利进展打下了坚实的基础。

　　1. 首先，在施工前与设计人员及建设方积极沟通，在充分掌握设计意图及建设方要求的前提下，展开工程准备工作。

　　2. 充分做好施工范围内地上、地下管线的勘察工作，根据现场和实际要求做好切实可行的施工组织设计和施工方案。

　　施工过程中做好施工技术交底工作，使施工人员对施工的技术要求及操作规范、验收标准等都做到心中有底。人人都参与全过程的质量控制，建立质量反馈制度，做好自检工作，对质量控制及进度计划控制进行动态管理，充分考虑影响工程的各种不利因素，做到组织合理、预案周密。

在施工过程中采用的新技术

1. 采用打吊针和用"树动力"直接注射的方法，提高树木移植后的成活率。

2. 为促进移植后的大树生根，采用根动力和生根粉两种不同的药剂和方法，促进树木成活。

建成后的潍坊市长松路景观道路，环境优美，配套设施完备，简洁大方，完全达了到预期的设计效果。绿树环绕、林下花溪小径、休闲广场、艳丽夺目的彩绘景墙，处处透着浓郁的时尚气息，吸引了大量的市民来此游览、健身，成为潍坊市又一道亮丽的风景线。

本项目获得2010年度中国风景园林学会"优秀园林绿化工程奖"银奖。

单位名称：青岛花林实业有限公司

通信地址：青岛市市南区银川西路 17 号

邮　　编：266071

电　　话：0532-85720391

传　　真：0532-85766833

旱溪木栈道

林阴道

丽水新鹤溪河景观带和桥梁改造（一期）工程

俞春丽

铺地上的青石浮雕体现了景宁的畲乡文化

泄水孔处的处理

江岸的绿化景色

本工程位于浙江景宁畲族自治县，是鹤溪河介于两侧城市道路之间的带状绿地，南起寨山桥，北至晋仙桥，全长900m，总面积2万m²。

本工程以丰富多彩的园路铺地和精美的绿化配植为主要特色，是以硬质景观为主的综合性园林工程。硬质景观工程占总面积65%，主要为铺地、园路、木桥、景墙及花架等小品建筑。绿化面积35%，其中保留了原有胸径25cm以上的香樟、合欢、雪松等大树90余株，有机组合在园林绿化景观之中，建成后立显绿带的理想效果。

由于河道水位与两侧城市道路高差甚大，且地域不宽，做了二级驳岸处理，一级驳岸临近水面，与二级驳岸间形成狭长的相对安静的休闲步道，二级驳岸与马路之间形成较为宽敞的休闲绿地。上下两级绿地均以多彩的铺地形式，丰富了绿带中的硬质景观。

铺地中有多块彩石镶拼及地面浮雕，是工程中最突出的部位，施工要求极高，使用仪器精确定位，精确放坡，对各色花岗岩的拼装精确排版，做好细部处理，拼角，对缝严密、平整，完全达到了设计效果，是绿地中的亮点。

卵石镶缝的冰裂式石板铺地

唐山市丰南区西城区运河东路（部分），国北二街道绿化景观工程

司永亮

唐山市丰南区西城区运河东路（部分）、国北二街道路绿化景观工程是集绿化、给排水、铺装、电器为一体的综合性景观工程。本工程地处丰南区西城区，濒临丰南区新政府、唐山劳动高级技工学校和唐山市煤炭医学院，是西城区极为重要的一条交通要道。

整个工程景观绿化面积达23938m²，绿化苗木多达50多种，具有鲜明的高低错落层次感。铺装工程达到了唐山市顶级景观绿化标准。

为了使整个工程达到更好的效果，在施工过程中我公司及时采取各种措施，以确保工程保质保量地完成，主要包括以下几个方面。

1. 制定科学、合理的施工方案，按照施工方案采取先地下、后地上、先水电、后铺装，再绿化的施工程序。

2. 对施工人员严格要求，提高他们的质量意识，使大家有高度的责任心。

3. 加强对施工材料的质量控制，是提高工程质量的重要保障，合理组织材料供应，确保正常施工，搞好材料的试验、检验工作，保证施工进度。

4. 合理安排机械进场计划，保证工程能够顺利施工。

5. 为了达到良好的绿化效果，配合甲方领导远去外地对施工材料进行实地考察，以确保工程质量。

6. 为了提高苗木的成活率，我公司选用本地苗木，对栽植后的苗木及时浇水，及时进行修剪、遮阴、输液、精心管护等措施，最终绿化大树成活率达98%以上，完全达到验收条件。

本项工程按时按质按量完成，工程验收至今得到了使用单位唐山市丰南区城镇绿化办公室的高度肯定。本公司也将此工程所掌握的先进技术充分应用到后来其他的工程项目中。丰南区西城区运河东路、国北二街道路绿化景观工程不仅是唐山丰南区景观工程的优秀典范，也是唐山市龙信工程有限公司2008年最优秀的工程之一。

本项目获得2010年度中国风景园林学会"优秀园林绿化工程奖"银奖。

单 位 名 称：唐山市龙信景观工程有限公司
通 信 地 址：唐山市高新技术开发区火炬路118号
邮　　　编：063000
电　　　话：0315-5929473
传　　　真：0315-5929456

合肥滨湖新区道路及塘西河绿化工程施工六标段

中分带杜鹃地被

北侧路树

合肥市滨湖新区方兴大道是合肥市道路绿化工程中一条重要的主干道，向西连接合肥新桥国际机场专用高速公路，向东连接行政办中心，并规划与肥东乃至巢湖市相连接，是合肥市南大门上下京台高速公路的一个重要出入口。

滨湖新区道路及塘西河绿化工程施工六标段总面积约23万m²，包括北侧及中央分隔带，北侧绿化带长约2.6km，宽约35m，中分带宽19m。该工程仅用了16天的时间就完成了，共栽植各种乔木9923株，灌木2.92万株，色块4.93万m²，竹类5万杆，地被1.89万m²，顺利将这条道路建设成集新区交通、防洪、景观、休闲等功能于一体的环湖旅游景观带。

一、全盘计划，准备充足，快速进场

由于工期紧、任务重，工程中标后，项目部立刻编制全盘计划，组织进场，地形整理、土壤改良、苗木种植流水作业同步进行。人力、机械、材料统筹安排、协调一致。项目部根据现场情况对土方进行开挖填筑，使之地形自然缓坡，满足排水要求，不积水，粗整后，清除所有建筑垃圾，细整时在种植土中加入20％的泥炭土对土壤进行整体改良，树穴开挖后再加入有机肥及复合肥对种植土进行局部改良，以达到良好的种植条件。苗木的种植顺序按照先乔木、后灌木、再地被的种植顺序，对保证苗木的成活率及种植后的景观效果起到很好的作用。

分层布局

花红叶绿

边坡组团

道口

二、创新施工模式管理——短快循环作业

方兴大道绿化工程进场之时，该道路已经通车，加上南北两侧绿化带地形高低不平，需要填土约30m宽，填土量大，高差达3~5m，给施工进度和安全带来一定难度，不能全面展开施工。在组织外运土方车辆日夜不停的作业同时，路面污染严重，保洁工作难度大，需要清淤泥和大量水车冲洗干净。加上建筑垃圾多、土壤质地差、多处低洼积水、土壤机械碾压板结，需要整地造型和进行土壤改良。沿路从西向东将绿化带进行粗整，通过挖、填、运等工作使地形呈自然缓坡，以利排水。与此同时，为了节省时间，每整理完一段场地，便做好标高测量、地形细整、土壤改良、现场放样和苗木种植工作，达到最短时间内完成作业，如此循环施工，做到完成一块成功一块，最大限度地缩短工期，形成短快循环作业的施工模式。

三、提高苗木成活率措施是关键

绿化景观效果的好坏，种植工程质量与提高成活率是关键，项目部通过严格控制苗木选、运、时间和种植、养护工序，确保苗木成活率的质量和栽植艺术效果。

1. 把好苗木质量关；

2. 把好种植关；

3. 把好养护关；

4. 技术管理创新是成功的动力。以技术创新为核心，提升技术创新管理能力，形成技术密集与资本资源叠加型项目管理体系。如机械化代替人工的挖穴与吊栽技术、大树移植技术、提高苗木成活率措施、提高植物栽植与配置艺术水平、苗木运输保鲜和保水技术、运用保水剂生根剂技术、支撑防护技术、除杂草技术、土壤改良技术、土方等级填方技术等。

如今，该路段的树木已经郁郁葱葱，呈现出很好的景观效果。

中分带一角

边坡与中分带一角

本项目获得2010年度中国风景园林学会"优秀园林绿化工程奖"银奖。

单位名称：安徽华艺园林景观生态建设有限公司

通信地址：合肥市高新区红枫路7号富邻广场
　　　　　西座12楼

邮　　编：230088

电　　话：0551-5333939

传　　真：0551-5322663

红绿相间的色带

中分带植物组团

平度市平营路景观绿化工程

马栋栋 吴海霞

一、工程概况

平度市平营路景观绿化工程位于平度市南外环，全长7.1km。本工程主要的建设内容包括土方调整、景观绿化、分车带绿化、节电节能亮化、人行道铺装、景石安装、灌溉打井及缺陷修复等，绿化面积29万m²。

二、新技术、新材料的应用

1. 新技术的应用

在大规格乔木移植方面采用的新技术包括：利用保活剂、防蒸腾剂、生根粉等并采用提前屯苗法促进植物根系的二次生长；选择容器苗等新工艺，提高栽植苗木的成活率，保证绿化景观效果。

2. 新材料新工艺的应用

在铺装、小品及照明等工程方面采用了生态环保型的透水砖等硬质材料、节能环保的太阳能照明系统，建成了节约型生态环保园林。

景石

乔、灌、草分层布局

分层布局

中分带灌木色块

三、技术难点

1. 苗木反季节性种植措施

施工的关键在于抑制植物蒸腾作用，减少植物根系损伤，保证根部水份供应，从而维持水分平衡，保证苗木成活。

2. 苗木保活措施

为了满足设计意图，达到建成后的景观效果，在进行苗木的采购、落实过程中，要做好苗木出圃前的预处理工作，以保证苗木的质量和种植成活率。苗木起挖时按苗木品种、特性、规格及设计、施工等的要求留足泥球和侧根，泥球用新的草绳绑扎，裸根苗木根部要沾泥浆处理。苗木起挖后，对常绿苗木进行适当的修剪，同时使用"乳化蜡"喷洒叶面，以减少水分蒸发；在根部使用"生根水"促进根系再生，以保持苗木的水分平衡。苗木起挖后，必须在24小时内运抵工地。

四、植物配置

平营路绿化以高大乔木作为背景树，通过落叶乔木白蜡、银杏、水杉、青铜等与常绿乔木雪松、黑松等合理配植，体现大景观的要求。再配置亚乔木、花灌木，如樱花、玉兰、海棠、紫薇等，达到三季有花的效果。充分利用色叶植物的色彩变化，如美国红枫、美国红叶梨、黄金槐、红瑞木、紫叶李、花石榴等。

植物球类与修剪整齐的菱形块形成鲜明的对比

花岗岩护栏

植物配置

透水砖铺装与绿色景观的和谐搭配

路侧绿化一角

本项目获得2010年度中国风景园林学会"优秀园林绿化工程奖"银奖。

单位名称：青岛绿地生态技术有限公司
通信地址：青岛市市南区佛涛路 15 号
邮　　编：266071
电　　话：0532-83883550
传　　真：0532-83883550

杭州西湖申遗——六和听涛整治工程

秀江亭

一、工程内容

六和塔为全国重点文物保护单位，作为西湖申遗工程之一，本次整治工程总面积约1.2万m²。古建修缮、修建部分包括秀江亭35m²，遗址保护棚55m²，开化寺237m²，六合苑94m²，附属房148m²，六和碑亭73m²，合计642m²；完成老石板园路铺装2512m²，新建仿古围墙324m。种植乔木、亚乔木、灌木球等3576株；地被6990m²。

六和塔远眺

二、施工重点、难点

六和塔工程是申遗工程，怎样才能做到修旧如旧？怎么才能最大地保存古建筑的韵味？怎么才能把中国古建筑最好地展现在中外游客面前？比如六和塔周围仿古围墙修筑，总长324m，虽不长但难度不小。怎样使新建的围墙融入周边的古建筑，怎样使新修建的材料突出"旧"韵，是施工的难点；开化寺正后殿的修复工作，是整个工程的重点。开化寺年代久远，很多木构件已经腐烂，屋面的防水措施也失去原有的功效，另外后殿部分，除了部分木构件保留外，其他部分需要翻建，开化寺正后殿的修建不仅要在外观上保证其原有的古色古香，还要在质量上保证其经久耐用；后山通道由于原有土方多为成年回填土，极易发生塌方，使得施工难度骤然提高。六和塔工程是景区工程，在施工期间继续对游客开放使得施工管理难度加大；另外对施工范围内的文物保护更是施工过程中的重责。

古建群俯瞰

木构细部

石栏细部

开化寺

遗址保护棚

三、新材料、新工艺

六和塔整治大都是古建筑的修缮，工程内容细腻，而且需要修旧如旧，为此在材料的做旧方面，专门请教古建筑方面的专家，一次次试验。对于老石板材料，派专人到各个乡村寻找，确保工程材料突出一个"旧"字。

本项目获得2010年度中国风景园林学会"优秀园林古建工程奖"银奖。

单位名称：浙江东方市政园林工程有限公司
通信地址：浙江杭州市西湖大道 35 号万新大厦
　　　　　9 楼（馆驿后 2 号）
邮　　编：310009
电　　话：0571-87832005
传　　真：0571-87832009

开化寺花窗

附属房

冰裂纹铺装

六合苑

开化寺廊

杭州洪园工区入口民俗街工程

洪园工区入口民俗街工程位于杭州市余杭区五常乡，为杭州西溪湿地国家公园三期的组成部分。

一、工程内容

本工程主要施工内容为仿古建筑群，包括土建(游客服务中心、休闲茶室、餐饮服务、水街一、水街三、民居博览配套用房)、给排水、建筑电气安装、景观绿化和环境铺装等工程。基础在原设计图纸上增加基础松木桩、筏板基础，主体以框架结构及木结构为主，地面为仿古地坪砖，屋面为传统小青瓦。

游客服务中心、休闲茶室：为框架三层仿古建筑，钢筋混凝土基础，主体为框架结构与木结构相结合，屋面采用小青瓦。

水街01~03号楼、民居博览配套用房：两层仿古民居建筑，钢筋混凝土基础，主体框架结构，屋面采用小青瓦。

洪园入口门楼

荆源仿古

洪园仿古建筑群

洪氏宗祠广场

二、工程特点

　　该景区建设的重点突出了一个乡野情趣，其建筑形式采用传统的山地民居做法，周边环境以其故有的生活内容来处理，同时融合传统造园要素中的园路、桥、水系、景石以及原有植被茂密的自然山林景观，营造出乡土味浓重的自然山地民居村落的景观效果，形成一组动、静态相结合的水景景观。

　　该景区原有植被分布较广、疏密不一，原生树木的栽植高差各异。本工程实施过程中，在尽量保持设计风格和特色的要求下，根据实地情况，对土坡整形、溪流走向、溪流各区段的宽度与深度、中心水塘范围、分割院落的石砌矮墙、园路走向等多次研究、实地放样，提出改进与优化设想，经建设单位、设计单位实地察看，采纳了适当调整的意见。这样既保护和充分利用了原有的植被资源，同时以此为依托又使新建景观与原有的植物景观相互融合、相得益彰。

宗祠内部

三、工程质量控制措施

我公司进场后,根据设计图纸进行工程测量定位,由建设、监理单位签证认可,在基槽开挖后及时请监理、设计单位进行地基槽验。垫层混凝土强度符合设计要求,基础接地安装进行接地测试,同时进行白蚁预防处理。

主体工程以框架结构为主,施工质量控制符合国家有关规范。屋面木结构按设计要求进行三防处理,按古建筑标准及规范要求实施。基础柱、梁均采用强度为C25混凝土,砌体使用MU10烧结多孔砖,M7.5混合砂浆砌筑,砌筑时先进行技术复核,并设立皮数杆,灰缝均匀、饱满,确保工程质量。同时做好混凝土的养护工作。

屋面工程在木结构安装后,采用SBS防水卷材,屋面防水卷材铺设后经防水试验合格后,敷设钢丝网水泥砂浆找平层,屋面采用传统小青瓦。

小桥流水

洪昇纪念馆

茶楼入口门楼

洪氏宗祖画像堂

本项目获得2010年度中国风景园林学会"优秀园林古建工程奖"银奖。

单位名称:中外园林建设有限公司

通信地址:北京市西城区阜外大街11号国宾写字楼605室

邮　　编:100037

电　　话:010-68005566

传　　真:010-68001307

杭州西溪湿地十二号标段绿化工程

鲁一青

牌匾

石平台

西溪湿地十二号标段隶属西溪国家湿地公园综合保护三期工程，位于杭州市余杭区五常。本工程总面积12万m²，主要工程量为土建、管道、铺装、绿化、土方、驳岸等。

西溪湿地是国内唯一的集城市湿地、农耕湿地和文化湿地于一体的湿地。本工程建设中围绕"生态优先、保持原生态自然风貌"原则，项目部在驳岸处理、游步道、地形处理、乔木和地被应用等方面做了一些努力，形成较好的景观效果。

一、驳岸处理

针对十二标段内，河、塘、沼泽地、林生植物和水生植物交错形成开合有序、野趣横生的生态空间特点，项目部对原生态的驳岸予以充分保留，对航线需要加固处、河岸外侧需要保护的树种采用松木桩密排、结合竹片的处理，形成木桩自然式河岸，努力做到最小干预、修旧如旧。

野趣

鱼塘夏景

二、游步道

　　工程中，除了大量收集民间的旧石板作为铺装材料外，项目部还通过透水性石板步道、石栈桥、石平台和木制游步道、木栈桥等形式进行造景，乡土建材的应用既使游客产生亲和力，又营造出江南水乡的特色风貌。

三、地形处理

　　水乡原有地形较为平坦，为了营造丰富的天际线和起伏变化的地形，项目部在低洼处进行鱼塘开挖，拓展水域面积，形成连片效果。鱼塘开挖的土方，就近填筑堆岛或进行地形处理，为形成山水相依、变化有致的景观效果奠定了基础。

湿地一角

四、注重上层乔木的骨架作用，形成丰富的天际线

　　进场初期，项目部多次对原生植物进行考察，形态良好、观感好的植被群落尽量予以保留。对于新栽大乔木，在树种选择上注重树形、冠幅的挑选，除个别重叠枝、交叉枝稍作修剪外，进入场地种植的大树尽量少修剪或不修剪，保留自然冠形。在种植柿树、香樟树、榆树、柳树、沙朴树、石楠等乡土树种过程中，精心调整种植位置，努力使乔木骨干树种一次成形，形成丰富的天际线。

半岛绿化

木栈桥

干砌挡墙

五、重视下层植物应用

下层植物包括地被，湿生、水生植物，是丰富绿地景观的重要因素。在下层植物种植过程中，项目部努力做好与现状地貌的有机结合，同时为湿地植被群落的演替和培育创造了良好的空间。

"湿地是城市之肾"，西溪湿地对杭州城市生态环境改善正发挥着日益重要的作用。西溪湿地呈现的自然、恬静、有着丰富季相变化的景观，也将越来越受到广大游客的喜爱。

本项目获得2010年度中国风景园林学会"优秀园林绿化工程奖"铜奖。

单位名称：宁波市交通园林绿化工程有限公司
通信地址：宁波市鄞州区嵩江东路728弄8号
　　　　　B座6楼
邮　　编：315192
电　　话：0574-28828125
传　　真：0574-28828125

亲水栈道

树茂塘深

林地

杭州城东公园建设工程

一、工程概况

　　城东公园建设工程在原施工图设计的基础上，增加了：① 为了北主入口与园外道路及南广场与原城东公园的衔接，增加了广场及园路的铺装面积；② 由于地处低洼区，水位较高，整个公园的道路及广场基础均增加了垫层，对特殊地质增加了松木桩加固处理；③ 完善了园区的雨水管网系统和污水管网系统；④ 增设了公园内的安全防护设施和保安亭；拆除和清理了原机化厂遗留下来的地基基础、围墙和大量建筑垃圾；⑤ 加大了公园内的苗木种植规格和种植数量。

幸运树广场

公园入口

公园茶楼

特色景观墙

春风烟雨廊

水系绿化

二、施工承诺和质量要求

市政府出资将杭州化机厂进行整体搬迁来建设公园，我们必须把优质、美丽的公园交还市民，"接过您手中的蓝图，营造您满意的佳境"这是我们公司一贯奉行的施工宗旨，在施工中我们始终遵循以下原则。

1. 精心编制施工组织设计，确保各项施工计划的实施有的放矢

根据本工程的图纸内容和施工现场实际情况，对施工组织设计进行了精心编制，同时还针对施工现场的低洼场地的基础处理问题、与原城东公园衔接问题、整个公园的雨水与污水处理问题等可能增加的内容均做了计划与安排；同时在编制施工组织设计时，还充分考虑了遇到雨天时的施工安排、赶工时的夜间施工安排、遇到材料供应商材料不能及时供应时的临时施工方案调整；同时还对大型机械的进场计划安排、施工力量的进场计划安排、施工材料的进场计划安排以及工程周转资金的计划安排等均做了周密的计划和布署。由于施工组织设计计划周密，在整个施工中，基本没有偏离计划轨道，确保了工程的顺利实施。

2. 狠抓工程质量管理，给市民交一分优质画卷

园林景观工程既要注重内在质量，也要注重外观效果，缺一不可。在内在质量方面，主要做了以下几个方面的工作：一是临时车道与工程主干道合二为一，并按照主道路的基础要求进行塘渣回填，经过大型黄砂车和商品混凝土搅拌车的压沉后再次塘渣回填。主园路的塘渣垫层在60cm以上；二是软质基础部位做了松木桩加固的基础处理。由于场地内水位过高，尤其是邻近沙河一带的基础挖方，其渗水量相当大，为确保基础的稳定性，经业主、设计及监理确定的软质基础处理意见，对中心广场局部，二号、三号、四号景点平台，景墙基础，桥梁基础均采用松木桩的基础处理方法。对于五号景点、六号景点和人工湖的局部软质地基、小园路的软质地基均采取了钢筋网加固的方法进行处理；全部混凝土垫层和基础均采用了商品混凝土。在地面铺装方面，全部采用二次铺装方法套浆铺贴，以防止空鼓现象的发生；在墙面铺贴方面均采用胶泥取代水泥砂浆进行铺贴，以防止流浆而影响景观外观效果。在外观效果处理方面，我们主要做了以下几个方面的工作：一是面层材料的样品送业主和设计工程师确定，交由监理工程师保

嵌石铺装

植物配置

园路铺装

存，并按照样品进行采购；二是由于本工程大多数铺装均是弧形的，为确保弧形铺装效果，对每一个铺装块均进行了施工大样图设计，铺装板材采用大小头板材或弧形板材；三是对留缝铺装的板材均进行了修边处理，对有轮廓凸出的部位均进行了倒角处理或圆弧处理。

3. 借鉴花港公园、太子湾公园、植物园的造园艺术进行地形造坡

根据每块绿地的布局位置以及绿地间的裙带关系，对地形的峰谷布局进行了合理的定位，对峰谷标高进行了严格的控制，并与绿地内苗木种植的位置进行有机的结合。从总体上说，城东公园的整体地形处理自然、线条流畅、绿地间的裙带互动紧密。

本项目获得2010年度中国风景园林学会"优秀园林绿化工程奖"铜奖。

单位名称：杭州中艺园林工程有限公司
通信地址：杭州市九盛路9号
邮　　编：310019
电　　话：0571-86944419
传　　真：0571-86962939

杭州湘湖人家二期东区景观绿化工程

李小燕　孔锡丹

绿意—苍翠欲滴

荷花戏水

小区一角

木桥凉亭—休闲区

绿阴花架

　　湘湖人家二期东区景观绿化工程位于杭州市萧山区闻堰镇，工程总面积约6万m²，是一个集绿化、假山、园桥、水系等为一体的综合性社区公共景观工程。其独特的景观设计为房地产增添了无数亮点。小桥流水、假山凉亭、曲径通幽，别有天地。本景观绿化工程内有三条水系，设有多个景观中心，处处有景，造就了步移景异的效果，每一处地势的微小起伏、静水、荷花、假山、凉亭甚至是溪流的变化，都无不体现出大自然的优美。

　　该项目的环境特征：规整、简约、风格统一。以建筑为中心，四周环绕山水。植物种植特色：适地适树，强调了小区特色，以适应性强的树种为主导，大量引种观赏植物，满足功能、景观要求，形成整体效果统一和各具特色的绿化景观效果。自然和规整结合，疏植和密植结合，乔、灌、草结合，形成形式多样、层次分明的绿化效果。设计中合理配置常绿与落叶、速生与慢生、针叶与阔叶、观花与观果及观色叶树的比例，达到四季常青、三季有花的绿化效果。植物群落疏密搭配得当、配置自然，与水景、建筑环境相互映衬，完美地体现了"把一个现代化的理想住宅掩映在由大树、假山、水系围合的自然机理之中"，打破了建筑物本身所具有的沉闷格局。为了丰富园林景观效果，在每个段落中栽植不同的大树作为画龙点睛之笔。

383

红情绿意

　　绿化本着"自然、生态、环保、可持续发展"的理念，因地制宜，力求营造出生态上科学性、配置上艺术性、风格上独特性的效果。在施工过程中充分利用有限的空间场地，通过植物配置、地形处理，创造出美观的园林空间，突出植物景观的多样性。以迎春、金边黄杨、十大功劳、地中海英迷、六月雪、海桐、八角金盘、南天竹、茶梅、金森女贞、含笑、珊瑚、水果兰、八仙花等植物搭配，形成了健康、稳定的植物群落。我公司在多年的施工实践中，积累了一定大乔木移植的经验，采用种植新技术，新产品蒸腾抑制剂、活力素的有效应用，使整个施工区域内苗木种植长势良好，成活率达99%。

　　本工程内容包括挖填土方，绿化种植用黄泥换土，栽植大、中型乔木、灌木、地被植物、水生植物，建造景观亭、花架廊、木平桥及假山叠石等。为了保证质量目标的实现，我方组建了一支多次创造出优良工程的项目班子进行施工，配备经验丰富的专业技术人员和技工，狠抓质量、进度、安全，确保工程保质保量地完成。美轮美奂给人以视觉享受是我们施工的宗旨，我们一直坚持建造出具有独特风格的园林艺术景观。

　　园林景观事业的发展，推动了人造与大自然的完美结合。为生活营造出优越的气氛，处处能沐浴到大自然的气息，我们在努力。

花团锦簇—争奇斗艳

诗情画意

384

园路铺装

本项目获得2010年度中国风景园林学会"优秀园林绿化工程奖"铜奖。

单位名称：杭州萧山凌飞环境绿化有限公司

通信地址：杭州萧山经济技术开发区建设
　　　　　四路88号

邮　　编：311215

电　　话：0571-22809805

传　　真：0571-22809807

水系一景

绿阴大道

驻马店建业森林半岛五期景观工程

刘德林　　张　扬

　　驻马店森林半岛五期景观工程位于驻马店市文化腹地东风路中段，环抱驻马店市区稀有城市原生态森林公园氧吧——中州绿荫广场，数十种珍贵名稀鸟类常年栖居于此，千余棵名贵植物成就森林蔚然风景。为了创造出一个体现对人文尊重、对自然尊重，同时也体现现代都市社会的文化性的社区环境，驻马店森林半岛项目采用了一系列的新方法、新工艺、新材料、新技术。

　　驻马店森林半岛项目景观工程的配套绿化工程中，出于特殊时限需要，绿化要打破季节限制，克服不利条件，进行非正常季节施工。为解决非正常季节绿化施工中遇到的难点，我们可以从种植材料的选择、种植土壤的处理、苗木的运输和假植、种植穴和土球直径、种植前的修剪及种植等方面严格把关，从而尽可能提高种植成活率。

　　由于工程施工造成移栽大树根系周围土壤、水分状况改变，尤其种植在树池中的大苗木，因为四周的非透气铺装，营养空间缩小，导致土壤水分、空气、养分、温度条件失调，根系生长环境恶化，导致树势渐弱直至死亡；绿化用苗规格越来越大，且要求树木尽量保持全冠，极易造成移栽大苗失败；外地调苗，长距离的运输失水，或由于调苗过晚，运输时根部受到冻害，根系土球由于长距离运输造成散落，加之气候差异较大等因素，最后导致移栽失败。本工程苗木移植过程中存在上述几个问题，如何既提高苗木移植成活率，又保证造景效果成为关键。

　　由于人工湖湖底土质为砂质土，保水性能差，无地下潜流。水质保持和水土保持问题，就成了工程营造过程中必须解决的难题。

消防通道

小广场

湖泊景观

特色喷泉

　　针对人工湖的水土保持、水质净化问题，我们采取如下方案。

　　首先，用工程技术手段彻底解决内外源污染，沿湖水周围设置截流沟，将地表的初期雨水截流，避免地表污水直接流入湖内，通过集中过滤很好地解决了外源污染问题。

　　其次，以水生植物作为生物净化技术，在湖内种植多种水生植物，如荇菜、玉莲、黄花鸢尾、花叶芦竹、芦苇等。这些水生植物对水体的总氮、总磷、硝态氧和正磷盐酸都有较好的去除效果。

园路

　　营造出环保节约型社区。通过优化设计，合理施工，从绿化植物的选用品种、规格、配置方式入手，以降低工程造价，减少灌木、色块面积，改用地被植物、球宿根植，常绿草坪改成暖季型耐践踏草坪，合理布局植物群落，以局部点缀大苗木，以中、小型苗木为主体，合理预留得当生长空间，减少乔木用量，是比较典型的节约型园林工程。

　　营造出生态型的社区。硬质铺装、水池、喷泉等施工精细，驳岸处理自然，植物合理布局配置，适地适树，生长态势良好。特别是小区景观用水，通过收集地面雨水，节约补充水源，通过喷泉溪流的流动增氧，水生植物、动生物养殖等手段来净化水质。

枣庄商务接待中心园林景观工程

枣庄市商务接待中心位于枣庄市新城区龟山路北侧，园区总占地面积18万m²，其中绿化面积5.5万m²，2009年8月竣工。在倡导优美人居环境理念的指导下，坚持以人为本、人与自然和谐相处的基本原则，对这片土地进行了综合治理，使其成为水清、树茂、草长莺飞的生态家园，极大地提升了周边了环境质量，对城市生态和可持续发展产生了积极而深远的影响。

一、项目开始前的情形

该区域场地西北南三面环山，西高东低，地势低洼，岩石裸露、地表硬化，每到雨季，雨水聚集于此，形成洪水走廊，周边立地条件极适合石榴树生长。果树园岩石裸露，与园区人工置石融为一体、和谐自然。汇水流域属丘陵山区，地貌类型较为单一，在地貌形态上受地质构造的控制，同时受到岩性和内外应力作用的影响，形成大量岩石剥蚀——堆积的过渡地形。

二、项目确定和实施过程

1. 确定重点

其重点是彻底改变该区域及周边生态环境，利用原低洼地形扩容汇水蓄水，改良原土壤条件，实施植被绿化和生态重建。

2. 目标和策略

对该场地地形、地貌等进行了严格细致的调查论证，经过水利、地质、工程等专家的充分研究论证，确定利用该处低洼地形和周边山体夏季汇水的客观条件，将该区域适当开挖整平，进行防渗处理，利用原有地貌特征，将水系进行整理及再绿化。在整理水系的同时，为充分实现资源的最佳效益，根据南北交界、适于南北方树种生长的气候特点，结合今后城市防洪、绿化灌溉等需要，既绿化了原址的裸露区域、美化了环境，又满足了城市防洪的要求。

钓鱼台南侧风景

对接白蜡与景石

天然太湖石景

贵宾楼门前喷泉

贵宾楼小庭院

3. 项目过程

（1）统筹规划，由园林规划设计部门对工程进行了全面规划设计。规划遵循生态系统自身规律，建立完善的各类系统。满足景观绿化的需要，改善水质；在生物景观规划上，根据水系的不同区域分别设有林地、灌木地、草地以及景观长廊等。每个区域都有不同的自然风景，各自支持不同的动植物群落；在绿化规划上，要求生态效益与植物造景并重，强调密林。根据生物学特性和美学要求进行乔木、灌木、地被三者合理的配植，在自然条件下三者都能健康生长，并有优美的季相、色相、林缘线和林冠线。

（2）以水为魂。工程顺应自然的地形、地势，在原地势低洼湖面区域，设置了一个弯曲延伸的水系，并建造了人造自然景观瀑布和泊岸形成了一个点、线、面不同的水体表现状态和完整的水循环体系，使水这一重要元素贯穿始终。在湖区水源上，利用地势低洼，原本就是汇水区的优势，收集雨水作为湖区水源储备。在水体净化上，以活水本身的自净能力加上在不同区域种植吸收氮、磷能力强的水生植物，达到进一步净化水体的目的。

（3）培育绿肺，打造城市天然氧吧。遵循适地适树的原则，既选用有观赏价值的乡土树种和花卉，又种植了部分南方树种，实现了南北交融。在植物配置上，根据四季不同而设四时花木，形成植物的季相变化和竖向变化，优化了视觉效果，让人们体验城市景观的同时感受山林绿地的景观效果。同时注重乔、灌、草复层结构植物群落的建成，最大限度地提高单位面积的绿量，发挥生态效益。充分重视环境的可持续性，力求建立多

样化的自然环境形态，使河流、湿地、水面和乔、灌、花、草构筑成一个完整的生态系统。

（4）以人为本，营造舒适和谐环境。为满足湖区景观布置上的需要和人们的娱乐、休闲、健身需要，工程建设非常重视人性化的要求。在道路建设及地面的铺装上，注重和绿色环境融为一体，综合考虑了线形、尺度、材料、色彩、肌理、功能等因素。块料、砂、石、木、预制品等面层，砂土基层使道路上可透气，下可渗水，赋予了道路铺装的生态环保功能。在功能上，健身步道方便了人们休闲中健身的需求，宜窄的休闲散步道、稍宽的主通道满足了游览观光的不同需要；在对水体及相关设施的处理上，湖的沿岸全部为浅水区，增加了人们游览的安全性；亲水平台、湖中岛屿、喷水的设计，实现了人与水的近距离接触；沿岸的摆石砌垒，为湖面凭添视觉的美感；园区的不同区域建造和设置了木亭、木桥、石桥，方便人们乘凉休憩。园内的各类设施共同营造了一个有序、美观、人性、科学、充满魅力的园林空间环境。

（5）灯光亮化，衬托园区迷人夜景。按照实用、节能的原则，根据景观和区段的不同功能，园内分别安装了柱灯、高杆灯、荧光灯、地埋灯、庭院灯、亚明投光灯等多品种灯型。通过内景外透、投光照明、轮廓装饰照明等方式，从光色着眼，追求淡雅的清新之风，以映衬园林景观的典雅之美；从光效着眼，融光于景，以光铺景，避免造成光对景的破坏，最终达成光中有景、景中有光，光景合一的整体表现效果，打造出生态园淡雅秀丽的迷人夜景风光。

木曲桥与石驳岸

环湖园路铺装

三、施工中的采用的新技术、新工艺、新材料情况

1. 木栈道使用的是美国进口的"栗拉木"材料，并且选用进口面漆，安装不锈钢配件，增强了对水雾、水潮的抗腐蚀能力。针对岩石较多的地理环境，采取爆破，与大型机械集中作业，保证工期和质量。

2. 为了达到大方、美观的效果，对木栈道及木座椅，从选材到颜色进行了一系列的考察、比较，木栈道的选材及颜色既坚固实用，又美观时尚。

3. 在小区环境工程施工过程中，由于地下岩石分布众多，故在栽植苗木，尤其是栽植规格较大的苗木的过程中，为确保其成活，树穴均使用风镐打通后换填种植土，该小区所栽植苗木的树穴规格均大于城市绿化规范的要求，以保证苗木吸收到充足的养分与水分，提高其成活率，从而满足了质量要求。

本项目获得2010年度中国风景园林学会"优秀园林绿化工程奖"铜奖。

单位名称：青岛日新园林工程有限公司
通信地址：青岛市崂山区中韩邮电局西侧
邮　　编：266101
电　　话：0532-88912669
传　　真：0532-88914588

人工湖区一角

竹径

大连海事大学凌海校区心海湖景观工程

李立弘 焦树国

大连海事大学心海湖工程完工后，成功地成为2009国际航海日及海事大学建校百年庆典的主会场，受到国际友人、国家教育部、交通部领导及海大师生的高度赞扬。作为大连地区最大的景观人工湖，水体面积约3.1万m²，总占地面积达4.5万m²，工程建设的中心理念为生态自然。此工程的顺利实施及成熟工艺的采纳将成为东北地区人工湖建设的典范。具体工程概况如下：

一、改变了原址垃圾场脏乱环境，使之成为校区中心景观

本基地为城市支路及泄洪沟"夹成"的三角地块，占地约4.5万m²。由于历史的原因成为建筑及生活垃圾的堆放地。随着校区的扩建，基地逐渐成为学校的中心，因此对泄洪沟治理及学校环境的改善提供了本案建设的机遇。作为交通部下属的院校，2007年"心海湖"在交通部立项；2008年9月完成设计并经交通部组织的专家评审；2009年5月底提前完成此工程的施工任务。

本工程的实施对海事大学校区整体环境建设起到了关键作用，一方面，"心海湖"使用功能明显，是学子读书、休闲的会聚地，并解决了学校春、夏季水上训练及冬季无冰上运动场地的问题；另一方面，观赏及生态功能较佳，心海湖成为校区中心美景的同时增加了校园的空气湿度及负离子。

荷塘争艳

跌水景观

心海湖鸟瞰

用水生植物弱化硬质挡墙

二、本工程真正落实了节约型园林的理念

　　利用场地周边雨排及场地标高将雨水收集入湖，在持续补充水体的同时，全校区又可利用湖水进行校园绿化灌溉使用，节约了水资源；利用泄洪沟及垃圾场建造水景，节约了土地资源；利用黄泥防渗及部分沉水水生植物季节生长性的特点，抓紧春季种植，实现了节约材料的根本目的；采用太阳能草坪灯及曝氧器，实现了节约能源的目标。

题记

三、施工工艺的把握和难点、重点问题以及技术措施

1. 施工方法和技术

　　本工程基地垃圾场清理完成后进行全开挖，当达到设计标高后，因地下水位较高，给基层碾压带来困难。经过分析，发现底层为砾石层，排水较好，故及时调整施工方法，采用局部深挖降水，保证了基底夯实密度85%~90%的技术要求。

　　防水处理和水生植物的栽植方法是：边铺黄泥边碾压、先压实后回填30~70cm种植土边施肥、边注水边栽植的方法，确保了水生植物的生长势。

借助岸线变化形成休憩及观赏场地

大连原野景观园林工程有限公司

水生植物到陆生植物的层级过渡

自然的驳岸

2. 重点难点问题

工程的重点、难点集中在防渗和地下水位阶段性的反压以及水生植物对水质的保证问题。

地下水位在春季较高，为解决其反压对防水层的破坏而出现渗漏，在原基础上增设了30cm粗砂，并在泄洪沟一侧同标高处设排水管，彻底解决了这一难点。

黄泥防渗层碾压到岸边时出现大机械作业困难，及时调整为小碾压机与人工夯实相结合的方法，达到了黄泥密实度的要求。考虑到水岸长期被水冲刷可能出现的岸边防渗破坏问题，岸边采用挡墙近水侧砌筑及近岸散置卵石的方式。

考虑到用传统的循环过滤保证水质耗能较大，本工程完全采用水生植物及动物控制技术净化水质。水生植物在实现造景的同时，其强大的水过滤功能成为水质净化的关键。此次采用的近水、浮水、沉水植物占总水面的33%。水生动物的选择与辽宁师范大学生命科学院的水生动物教授共同完成，依照水域面积投放660尾食藻鱼类，预防了藻类的生长，真正实现了生态净水的目标。

3. 新技术新工艺新材料的应用

护岸局部采用了纳基膨润土防水毯（新材料）与砌筑岸结合，铺设高度在丰水位以上，再次防止岸线可能出现的渗漏问题。

采用德国城市雨水收集方法与城市行洪沟巧妙结合，既满足了湖体用水，又达到了城市及校区行洪要求。

采用太阳能曝氧技术在7~8月投放，节能的同时增加了水体的含氧量并有效地减少了水中杂质，确保了水质的清洁。

通过如上的工程技术措施，"心海湖"竣工一年以来的成功使用，真实验证了各项技术指标达到甚至超过了预期：湖体未发现渗漏，水面开阔水位相对稳定；水生植物经历严冬的考验，生长茂盛；水生动物种群比例合理、水质清澈，各项指标均符合景观用水标准；陆生植物及湿生植物达到一级养护标准；春、夏季划艇比赛及冬季水上运动项目得以如期进行。

本项目获得2010年度中国风景园林学会"优秀园林绿化工程奖"铜奖。

单位名称：大连原野景观园林工程有限公司
通信地址：大连市西岗区胜利路133号
邮　　编：116021
电　　话：0411-84337555
传　　真：0411-84338193

西安市南三环（曲江新区段）绿化整治工程一标段

刘芳芳

西安市曲江新区位于市区东南，以闻名中外的大雁塔和曲江池遗址公园为中心，东起长鸣公路，西至翠华南路、纬一街、长安南路南段，北起小寨东路、西影路，南至雁塔区南界址，规划面积约47km²，是陕西省西安市确立的以文化产业和旅游产业为主导的城市发展新区，也是西安市第四次城市总体规划中城市中心区的重要组成部分。南三环作为西安市东西三环在南郊区域的承接部分，将高新区、雁塔区、曲江新区、航天产业园的交通有机连接起来，通过与既有城市主干道和市区路网的连接，既缓解了该区域的交通压力，也对下阶段地铁建设时分流疏导交通发挥重要作用。

西安市南三环（曲江新区段）绿化整治工程由曲江大道至翠华南路段，面积约26.3万m²，业主为西安曲江新区土地储备中心，由西安曲江建设集团有限公司代建。

一、工程特点

基于南三环在西安交通中的重要作用，绿化的作用不容忽视。在设计中，注重凸显绿化层次的差异，由高大乔木、小乔木、花灌木、色叶小灌木、地被植物等形成多层次、高落差的绿化格局。同时做到重点突出，在交通转盘、护坡处进行重彩浓墨的刻画。该工程整体以绿为主，在满足交通功能的前提下，进行微地形、护坡处理，注意保护环境、减少水土流失，增加与周围景观的协调性。植物选择上也考虑了气候、养护条件等方面的因素。如今的南三环四季常绿，满目葱郁，景观错落有致，已经成为该区域一道亮丽的风景线。丰富的景观层次不但满足了美化城市、改善环境的需要，而且对于缓解司机的视觉疲劳也起到了十分重要的作用。

错落布局

南三环一瞥

疏密有致

二、工程难点

在施工中要采取措施防止苗木死亡,加大了工程难度。采取的措施有:一是组织不同专业的设计和施工人员研究和会审图纸,深入理解设计意图、技术要求和施工难点,制定针对措施,做到整个工程与周围环境的协调融合;二是加大后期管理的力度,合理配置人员和机械及资金,做好园林工程的整形修剪和养护;三是针对实际情况,认真分析造成死苗的具体原因,针对苗木的水分平衡难以保持的问题,在绿化施工过程中,做到任何一个环节都注意保持植物所需的水分平衡,提高苗木成活率,提升绿化效果。

三、采用的新工艺、新技术和新材料

1. 降低树木的蒸发量,在炎热的夏季,在树冠周围搭阴棚和注入"活力素",在树冠上安装喷淋,增加周边湿度和降温,提高大树成活率。

2. 在修剪过的大树树枝口,涂刷伤口涂补剂,防止水分、养分的流失,为植物进行伤口的消毒、愈合及防腐,提高植物的存活率。

3. 在夏天移植大树时,在大树的表面喷洒蒸腾抑制剂,抑制植物在运输途中叶面的水分蒸发,减少植物种植后水分的过度蒸发。

4. 进行根外追肥,包括叶面喷肥和树干注射施肥。叶面喷肥,简单易行,用肥量小发挥作用快,可及时满足树木的急需。

5. 在绿化养护中,为清洁植物叶面、提高叶面光洁度,我们在植物的叶面喷洒叶面清洁光亮剂,保证叶面的正常光合作用机能。

6. 对部分不易成活的苗木,在其树干周围铺地膜,减少地面水分蒸发,防止土壤板结,提高地温,促使苗木生根发芽。

绿色空间

植物群落

乔、灌、花、草相结合

林下绿坡

色彩鲜明

层次分明

阔叶林

适地适树

本项目获得2010年度中国风景园林学会"优秀园林绿化工程奖"铜奖。

单位名称：陕西城市园林建设有限公司
通信地址：陕西省西安市碑林区含光南路 216 号
　　　　　嘉翔大厦 11 层 ABCD 座
邮　　编：710065
电　　话：029-88143451
传　　真：029-88143451

宁波鄞州区政府职能带及前河路园林景观绿化工程第四标段

宁波市鄞州区政府职能带及前河路园林景观绿化（第四标段）工程，位于宁波市鄞州区前河路东侧。工程包括绿化、土建铺装、小品景观、水电等。重点景观是沿河的广场、园路、码头、廊架、旱喷等综合性工程。本工程占地面积为5.4万m²，绿化面积为2.79万m²，绿地率为51.7%。

在施工过程中为了保证工程质量，我公司对工程材料严格把关，材料质量保证措施如下。

1. 凡是拥有环境管理体系认证的设备、产品及物资供应商，优先考虑其作为合格分承包方。

2. 凡是产品及物资有绿色环境ISO标识的，优先考虑其作为选购产品。

3. 凡是环境指标优先于同类产品的，优先考虑其作为选购产品。

4. 优选采购人员，挑选有一定专业知识、忠于事业、守信于项目负责人的人任采购人员，并注意提高他们的思想素质和质量鉴定水平。

5. 种植苗木应就近选择苗源，且苗木生长势优良、形体美观、无病虫害，所有外地苗木都要有当地林业主管部门签发的植物检疫证，本地苗木有苗圃单。

6. 材料部门根据预算部门提供的资料、施工部门的具体要求、质量部门的质量要求编制材料月供计划，交项目负责人审批后及时把所需的物资送至现场，保证工程顺利进行。

生态自然式水岸

水岸观花

玻璃亭廊

河坎柳阴

文化长廊

前河路道路两侧绿化

随着城市化、工业化的发展，人对自然的干预与破坏程度越来越大，原来自然的水体受到污染，水体富营养化越来越严重，水质变得浑浊、晦暗，色度高而透明度低，有时甚至带有浓重的腥臭味。我们对本工程中的水生植物的种植更为重视，水生植物配置目的在于控制藻类生长，保持水体，防止底泥上浮，同时美化水体环境。水生植物包含挺水植物、浮叶植物、漂浮植物和沉水植物。挺水植物比较适合沿岸及湿地种植；浮叶植物因叶子覆盖于水面，挡视线，无倒影，故在配置时只能是点缀而不能整片种植；沉水植物因整个植物体均在水中，净化效果好，能用于水体绿化的沉水植物种类较多，主要有轮叶黑藻、金鱼藻、龙舌草等。在后期的精心养护中，该工程的水生植物长势良好，净化了水质，也美化了环境。